비건 스타트,
비기너 가이드북

비건 스타트, 비기너 가이드북

초판 1쇄 인쇄 2023년 12월 1일
초판 1쇄 발행 2023년 12월 7일

지은이 이도경
펴낸이 김헌준
기 획 김수민 편 집 이숙영 디자인 전영진
펴낸곳 소금나무
주소 서울 양천구 목동로 173 우양빌딩 3층 ㈜시간팩토리
전화 02-720-9696 팩스 070-7756-2000
메일 siganfactory@naver.com
출판등록 제2019-000055호(2019. 09. 25.)

ISBN 979-11-983831-3-6 13590

소금나무는 ㈜시간팩토리의 출판 브랜드입니다.

건강한 인생을 위한 비건 라이프의 시작

비건 스타트, 비기너 가이드북

이도경 지음

소금나무

목차

Question 01

WHO? 비건 너는 누구?

Question 02

WHY? 왜 비건인가?

Question 03

WHAT? 비건에 대해 알아보기

Question 04

HOW? 비건 실천 방안

Question

01

::

WHO?
비건 너는 누구?

비건 정의

Question

비건이란 누구인가?

Answer

과거에는 생소한 단어였다면 이제는 마트에 진열된 물건에서도 찾아볼 수 있는 단어인 '비건Vegan'. 일반적으로 고기, 육류를 섭취하지 않고 채식만 추구하는 '채식주의자'라고 생각하는 사람들이 대부분이다. 하지만 엄밀히 따지면 비건은 채식주의와 같다고 할 수 없고 채식주의의 여러 종류 중 하나로 보는 게 더 맞다. 비건이 누구인지 궁금하기에 앞서, 비건이라는 개념을 있게 한 채식주의자Vegetarian에 대해 먼저 살펴보도록 하자.

채소의 'Vegetable'과 사람을 의미하는 '-arian'이 합쳐진 채식주의자Vegetarian는 간단하게 이야기하면 말 그대로 채소를 섭취하는 사람을 의미하는데, 여기서 'Veget'은 활발하고 생기있음을 뜻하는 라틴어 'Vegetus'에서 유래되었다. 즉 채소를 섭취하여 생명력을 얻고 활기를 찾는 사람들을 채식주의자라고 생각하면 된다. 고대 로마 사람들도 채소 섭취를 통해 생명력을 얻는다고 느끼고 믿었던 것인가? 분명한건, 옛말 틀린 것 하나 없다는 말이 생각날 정도로 채식은 정말로 우리에게 생명력과 활기를 가져다준다.

또한 육식이 만연한 현대사회에서 이러한 채식 식단을 고집하도록 하는 원동력은 채식하고자 하는 사람들의 신념과 의지가 바탕이 되는 경우가 많으므로 채식인이라는 말보단 조금은 고집스러운 의미로 채식주의자라고 표현한다.

19세기 영국에서 채식주의자를 위한 잡지를 만들고 싶었던 도널드 왓슨Donald Watson은 채식주의자를 뜻하는 Vegatarian에서 앞 글자인 'Veg'와 뒷글자 'an'을 재조합했고 그렇게 잡지 이름을 'The Vegan News'로 만들었다고 한다. 채식주의자라는 단어가 있음에도 도널드 왓슨은 왜 Vegan이라는 새로운 용어를 창조해냈을까? 거기에는 비건이 채식주의자 가운데 하나의 분류이자 카테고리가 된 시작점이자 차이점이 있기 때문이다.

그렇다면 비건Vegan은 채식주의와 어떤 차이가 있을까? 채소, 곡물 섭취를 추구하는 일반적인 채식주의의 연장선에 있음은 분명하지만,

비건은 육류 섭취를 하지 않을 뿐만 아니라 달걀, 우유, 꿀, 생선류 섭취를 일절 하지 않으며, 더 나아가 제품이 만들어지는 모든 과정에서 동물이 이용되는 제품을 사용하지 않고, 각자가 가진 건강, 종교, 환경 등의 신념을 바탕으로 일상생활에서 이를 실천하는 사람들을 의미한다. 즉, 의식주를 놓고 봤을 때, '식'에 초점이 맞춰진 채식주의와 달리 비건은 의식주 모든 것에 초점이 맞춰진 개념이라고 이해하면 될 것이다.

비건 역사

Question

인류 역사를 보면 인간은 잡식동물?

Answer

고고학자들은 인류가 초식동물에서 어느 순간 잡식동물로 변화했다고 한다. 인류가 초식동물이었다는 근거로 초식동물의 구강구조와 식물을 섭취하기에 적합한 평평한 치아를 갖고 있다는 점을 들 수 있다. 이러한 인류의 초식이 가뭄이나 어떠한 이유로 인해 불가능해지자 생존을 위해 육식을 시작했고 그렇게 섭취한 단백질로 인류의 두뇌는 지금처럼 커지게 됐다는 것이다. 이런 인류의 역사적 관점으로 미루어 보면 인류는 잡식동물로써 적응한 것이 맞을 수도 있지만, 과거 인류의 잡식과 현재 인류의 잡식은 분명한 차이점이 존재한다.

현재 인류는 넘쳐나는 정크푸드와 가공, 초가공식품 등이 만연한 식탁에서 식사하고 있다. 이러한 식습관이 지속된다면 인류의 잡식은 과거 인류가 단백질 섭취를 통해 뇌의 크기를 키웠던 것처럼 인류의 DNA를 어떻게 바꿀지 모르는 일이다. 기우라고 생각하기엔 현대 인류가 겪고 있는 비만을 비롯한 수많은 성인병과 기저질환들을 설명할 길이 없다.

개인의 체질 문제일 수도 있지만 유독 육류만 먹으면 속이 거북하고 가스 냄새도 고약하다. 이런 생각은 해가 지날수록 계속된다. 반면 시골밥상처럼 각종 나물 반찬과 채식하고 난 뒤에는 속이 편하고 화장실도 잘 가게 된다. 이래도 인류가 잡식이라고 할 수 있을까? 한 가지 분명한 건 육류 섭취는 이점보다는 해로운 점이 더 많다는 사실이다. 혹시 긴장되면 배가 구루룩거리는 과민대장증후군을 앓는 사람들은 유제품이나 육류 섭취를 줄이고 식이섬유가 풍부한 식단을 한 달만 해봐도 속이 편안해지는 것을 느껴볼 수 있을 것이다.

비건 역사

Question

인간이 채식을 시작한 시기와 계기는?

Answer

"이제는 건강을 위해 몸에 좋은 음식만 먹어야지!"하고 다짐한 지 3일도 되지 않아 우리는 길거리 음식에 눈이 돌아가고 배달 앱을 기웃거린다. 미디어가 배출하는 음식에 대한 정보의 홍수 속에서 오늘도 퇴근하고 치킨을 외치는 요즘, 현대사회에서 채식주의자가 되려면 '상당히 큰 계기와 결심'이 필요하다. '상당히 큰 계기와 결심'이라고 한다면 가령, 여러 가지 종류가 있을 수 있는데 종교적 신념이나 환경에 관한 생각과 윤리 의식, 혹은 어제 받아본 건강검진 결과처럼 내가 평생을 가져온 식습관을 바꿀 만큼 확고한 마음을 먹게끔 해야 한다. 살면서 다이어트를 해본 사람들이라면 기존에 먹던 식습관을 버리고 건강을 위한 식단으로 유지하는 것이 얼마나 고되고 힘든지 알 것이다.

그렇다면 현재까지 추정해볼 수 있는 채식의 시작과 계기는 무엇일까? 바로 종교다. 고대 인도에서 출발한 불교와 힌두교, 자이나교 그리고 유럽의 피타고라스 학파 등도 모두 살생을 금지하는 불살생의 교리를 가지고 있는데, 살아있는 동물을 도축해야 얻을 수 있는 육류와 이를 섭취하는 행위 모두 살생을 금지하는 이런 종교적 교리에 어긋나는 행동이다. 이들 종교에서는 모든 생명을 신에게서 온 고귀한 존재로 보았으며, 동물도 당연히 우리와 평등한 영적 존재로 여겼다. 따라서 종을 초월한 신의 사랑을 실천하는 가장 고귀한 삶의 방식으로 채식을 선택했다.

여기서 채소도 생명이고 이를 섭취하는 것도 살생이라고 주장하는 상당히 유아스러운 논쟁거리도 발생할 수 있다는 점을 염두하고 이 점은 다음 장에서 간단히 이야기하겠다. 다시 본론으로 돌아오자면, 살생을 금하는 종교적 교리로 인해 자연스럽게 수행자들은 육식을 엄격히 금지하고 채식을 섭취하며 종교적인 수행을 이어 나갈 수밖에 없었을 것이다. 이렇게 시작된 불교의 채식 전통이 한국에서는 사찰음식으로 발전되었다. 사찰음식은 현재 건강을 위해 채식을 하는 현대인의 마음을 사로잡고 있다. 특히 전 세계 비건인들 뿐만 아니라 미슐랭 셰프들도 직접 방문해 레시피를 배워가는 등 한국 사찰음식에 매료되어 높은 관심을 받는 중이다.

비건 역사

Question

한국에서의 채식 역사는?

Answer

계급에 의한 식단을 제외한다면 한반도 역사에서 평민 대부분은 먼 옛날부터 채식으로 이루어진 식사를 해왔다. 동물은 농사에 필요한 중요한 자산과 다름없었기 때문에 사실 육류를 즐길 수 있었던 환경도 아니었다. 선사시대에는 도토리 같은 과류를 섭취한 흔적을 유물들을 통해서 발견할 수 있었고 이후에는 여러 유적이 증명하듯 농경의 발달로 각종 곡식을 재배하고 기르며 곡물을 가루로 빻아 반죽을 만들어 음식을 섭취했다. 이후 삼국시대부터 고려시대까지 불교의 영향을 강하게 받았던 몇몇 시기에는 국가적 차원에서 채식을 장려하는 식생활이 일반적이었다. 사계절 산과 들, 논밭에서 나오는 다양한 채소들을 섭취하고, 홀수 모양인 쌀을 주식으로 하였고, 농사일에서 흘린 전해질 보충을 위해 짭짤하게 음식을 섭취하는 식습관을 오랜기간 이어왔다.

물론 영양 균형을 맞춘 채식으로는 보기 힘든 시기도 있다. 일제강점기에는 쌀을 수탈당해 구황 작물과 같은 뿌리 열매나 풀 채소들을 먹는 경우가 많았고 이후 한국전쟁으로 황폐해진 토지에서는 더욱 곳곳에 자란 산나물과 채소들을 뽑아다 자투리 채소죽을 끓여 먹는 혹독한 보릿고개라 불리는 시기도 있었다. 이런 굴곡 있는 역사는 그 나라의 식문화에 당연히 영향을 줄 수밖에 없다. 이 시기를 겪어낸 우리 부모님 세대들은 고기와 흰쌀밥을 가족들이 함께 배부르게 먹는 것이 최고의 소원이고 행복이었다. 서양식 식사를 경양식으로 동경하며, 단백질 신화와 함께 우유는 완전식품이라는 광고에 온 국민이 오랜 시간 지켜온 채소 중심의 한식을 버리고 육류중심의 식사를 한 결과 국민 3명 중의 1명이 암, 심혈관계질환, 당뇨, 고혈압, 소아비만을 겪게 되었다. 왜 이렇게 되었는지 한 번쯤 생각해 볼 문제이다.

그러나 전반적으로 살펴보면 한국에서의 채식 역사는 곧 한식의 역사와도 같다고 볼 수 있다. 지금 당장 백반집만 가도 나오는 다채로운 채소 반찬들은 이를 방증한다. 각종 나물 반찬, 다양한 종류의 김치들, K-Food로 이름을 알리고 있는 비빔밥, 발효 장류, 쌈밥 문화 등 채식이 주류를 이루는 한식이 가진 고유한 특성은 수천 년 한반도 역사가 녹아들어 있는 대한민국의 식문화이자 우리가 육식보다 채식이 더 잘 맞을 수밖에 없는 가장 큰 이유이기도 하다.

채식 종류

Question

채식에는 어떤 종류가 있나요?

Answer

채식주의자는 현재까지 총 8가지 유형으로 나뉘어 있다. 가장 최상위 맑은 채식을 추구하는 프루테리언Fruitarian은 어떤 특징을 가지고 있을지 이름에서도 유추해 볼 수 있는데, 동물뿐만 아니라 식물의 생명조차도 소중하고 존중받아야 한다고 생각해 식물 그 자체로 존재하는 모든 것은 섭취하지 않고 오로지 식물이 열매를 맺어낸 나무에서 자란 열매나 씨앗, 견과류만 먹는다.

두 번째는 가장 잘 알려진 비건Vegan이다. 비건은 앞서 설명했듯이 동물성섭취를 거부하고 유제품, 꿀, 달걀, 생선류등도 섭취하지 않고 과일이나 식물로 만들어진 식품을 섭취한다.

단순히 동물성섭취를 거부할 뿐만 아니라 동물성으로 만들어진 모든 제품과 제작과정에서 이루어지는 동물실험, 모피사용 등을 완전히 반대하는 일상속 채식까지 추구한다.

세 번째인 락토 베지테리언Lacto-vegetarian에서 'Lacto'는 우유를 뜻하는 말이다. 즉 비건의 단계에서 유제품을 섭취하고 꿀도 섭취하는 채식주의자다. 그 외에 모든 해물이나 달걀 섭취는 금지한다.

네 번째로 오보 베지테리언Ovo-vegetarian에서 'Ovo'는 알, 달걀을 뜻한다. 락토 베지테리언이 달걀을 섭취하지 않고 유제품과 꿀을 섭취한다면 오보 베지테리언은 이와 반대로 달걀을 섭취하고 유제품을 섭취하지 않는다. 물론 동물성 식품과 어패류 섭취도 금지한다.

다섯 번째는 락토오보 베지테리언Lacto-ovo-vegetarian이다. 눈치가 빠른 분들이라면 바로 알아차릴 것 같은데 앞서 보았던 락토 베지테리언의 'Lacto'와 오보 베지테리언의 'Ove'가 합쳐진 채식주의 유형으로 유제품과 꿀 달걀 같은 동물성 식품을 섭취하는 유형이다.

여기까지는 완전한 채식을 지키고자 하는 베지테리언으로 분류할 수 있었다면 다음으로 소개할 유형은 세미 베지테리언 유형으로 될 수 있으면 채식을 지키지만, 때에 따라 육류를 섭취한다.

여섯 번째 유형이자 세미 베지테리언으로 분류되는 페스코 베지테리언Pesco-vegetarian은 라틴어로 생선이나 낚시를 의미하는 'Pesco'라는 단어에서 볼 수 있듯 어패류를 섭취하는 채식주의자를 의미한다. 이외의 동물성 식품은 당연히 금지하고 유제품, 달걀, 꿀, 어패류까지만 섭취한다.

한 가지 덧붙여 말하면 "한국식 페스코"라고 부를 수 있을 만한 카테고리도 가능하지 않을까? 정식 분류체계에는 들어가지 않지만, 한국 음식의 특성상 밑반찬이나 맛국물 및 김치에 들어가는 젓갈이나 멸치류 등이 포함된 음식들을 섭취하는 경우를 이렇게 부를 수 있을 것 같다. 적극적으로 어패류를 섭취하는 것은 아니지만 젓갈이 들어간 김치나 밑반찬 그리고 조개가 들어간 칼국수를 먹는 경우 애매한 페스코의 위치가 된다. 이럴 때 "한국식 페스코"라고 부르면 더 적확한 용어가 되지 않을까 싶다.

일곱 번째 유형 폴로 베지테리언Pollo-vegetarian은 붉은색 육류를 제외한 유제품, 달걀, 꿀, 어패류와 가금류까지만 섭취하는 준 채식주의자 유형이다. 채식을 처음 시작하는 사람들이 폴로 베지테리언으로 시작하는 경우가 많다.

마지막으로 플렉시테리언Flexitarian은 유연함을 뜻하는 'flexible'이 합쳐진 단어로 말 그대로 평소에는 채식 위주의 식생활을 하다가 때에 따라 폴로 베지테리언처럼 유연하게 채식을 하는 사람들을 일컫는다. 완전 채식이 부담스러운 초심자들이나 사회생활을 하다 보면 회식이나 모임과 같이 피할 수 없는 경우를 이유로 융통성 있게 채식을 실천하고자 하는 사람들을 지칭한다.

Question

02

::

WHY?
왜 비건인가?

건강

Question

비건이 되면 건강에 어떤 영향이 있을까?

Answer

비건이 되면 오히려 건강에 안 좋다며 채식을 비난하는 사람들이 있다. 반문하고 싶다. 햄버거, 냉동만두, 라면, 프라이드치킨은 건강에 좋은가? 그렇다고 하는 사람들은 원활한 대화가 좀 어려운 사람들이지 않을까 싶다. 글을 쓰기 위해 다양한 자료를 검토해보면 채식에 대한 수많은 부정적인 의견들을 접할 수밖에 없다. 육류 소비가 건강에 이점이 된다는 연구 결과도 존재한다. 하지만 육류 소비가 질병으로 이어진다는 연구 결과들 또한 존재한다. 어디까지나 확실한 정답은 없다. 다만 지구 온난화와 같은 환경오염과 각종 성인병이 넘쳐나는 21세기에서 우리에게 더 좋은 것을 고민하며 건강해지고자 노력하는 사람들의 다양한 시도 중 하나가 비건이라는 점이다.

미국영양학회에서는 최근 비건 식단이 관상동맥 심장질환 위험률을 줄여준다는 연구 결과를 발표했다. 오히려 미국심장협회에서 기준으로 제시하는 권장 식이요법보다도 더 낮은 심장질환 위험률을 보여줬다는 것이다. 이뿐만 아니라 암에 걸릴 확률도 낮추고 각종 성인병 발병률을 낮출 수 있다는 많은 학술 연구와 논문들이 계속해서 나오고 있다.

비건이 되면 자연스럽게 비만에서도 탈출할 수 있다. 비만은 각종 성인병과 합병증을 유발해 건강한 삶을 유지할 수 없게 만든다. 잘못된 식습관을 고치고 건강하고 규칙적인 식사를 하게 되면 몸 건강에도 좋을 뿐만 아니라 비만과 밀접한 관계가 있는 정신 건강에도 분명한 도움을 줄 수 있다. 변화를 주려면 아침에 일어나서 침대부터 정리하는 작은 실천부터 하라는 말처럼 처음에는 육류만 금지하는 폴로 베지테리언Pollo-vegetarian이나 플렉시테리언Flexitarian처럼 상황에 따라 유동적으로 채식을 해보는 것은 어떨까? 꾸준히 하다 보면 몸이 점점 가벼워지는 것을 느낄 수 있고 건강해지는 자기 몸을 바라보며 자신감과 자존감 또한 높일 수 있을 것이다. 몸이 건강하지 않으면서 정신이 건강하기를 바라는 것은 몸에 바라는 큰 욕심이라는 점 명심하자.

대한민국에 존재하는 마트 점포의 개수는 총 몇 개일까? 셀 수 있을까? 그리고 그 많은 마트에 육류 판매대가 없던 적이 있는가? 아니다. 무조건 있다. 국내만 생각해봤을 경우다. 해외를 포함한다면 더 방대할 것이다. 그럼, 이 많은 육류는 도대체 어떻게 넘쳐나는 것이고 어디서

오는 것인가. 우리 눈에 보이지 않는 전 세계의 어디선가에서는 지금도 공장식 축산으로 길러지는 가축들이 성장촉진제와 각종 구제역 백신, 항생제를 맞아가며 비정상적으로 사육되고 도축되고 있다. 돼지 목살을 통으로 사면 운이 좋지 않았을 때 백신을 맞아 곪아버린 고기를 목격할 수도 있다. 궁금하다면 '돼지목살고름'이라고 검색을 해보면 바로 나온다. 백신이 몸에 흡수되기도 전에 빨리 출하해 돼지의 상품성을 잃지 않게 만드는 이런 식의 공장식 축산으로 생산된 육류를 섭취하는 게 과연 우리 몸에 이로울지 그것은 각자의 판단에 맡기도록 하겠다.

이런 공장식 축산은 결국 자본주의의 수요와 공급 원칙에 의한 산물이다. 고기에 대한 많은 수요를 맞추기 위해서는 필수 불가결한 사육방식이고 자본주의 시장 원리에 의하면 '합리적'이기 때문에 지금까지도 계속 가동되고 있다. 이것이 우리가 비건을 택해야 하는 이유이기도 하다. 합리적이라고 생각하는 먹거리 생산방식이 결국 우리의 건강을 공격하고 있는 셈이다. 합리적인 것보다 때로는 불편하고 '비합리적'으로 보이는 선택이 더 좋은 결과를 가져다줄 수 있다고 생각한다. 비건이 되면 건강해질 수 있을지에 대한 의심이 조금은 풀어졌으면 한다.

동물권

Question

비건이 되면 동물에게 도움이 될까?

Answer

비건은 '식'에서의 채식주의를 넘어서 '의식주'의 채식을 지향하는 채식주의자다. 그렇기에 삶의 여러 방면에서 동물권 보장을 위해 애쓰고 있다. 왜 비건이 됐는지에 대한 설문조사에서도 건강 다음으로 응답률이 높았던 답변이 동물권을 위해서라는 답변이다. 그만큼 비건이 되면 동물에게 도움이 된다고 생각하는 사람들이 많다는 것인데 과연 어떠한 점에서 동물권을 보장할 수 있다는 것일까?

현재 지구에 존재하는 많은 동물의 생존권은 위험 수준으로 위협받고 있다. 지구 온난화로 인해 빙하가 녹아 설 자리를 잃고 있는 북극과 남극 동물들, 삼림 파괴로 터전이 불타고 깎여나가는 아마존 생태계의 동물들, 아프리카의 불법 밀렵에 의한 멸종위기 동물들, 그리고 비윤리적인 방법으로 사육되고 있는 가축들. 안타깝게도 이 모든 것은 결국 인간의 이기적인 의식주 생활방식으로 인해 발생한 현상들이다.

당장 공장 가동을 멈추고 각종 산업폐기물을 줄이는 것은 사실상 개개인이 할 수 있는 일이 아니다. 개인이 할 수 있는 범주에서 가장 동물권 보장의 효과가 있는 방법은 바로 축산업의 규모를 줄이는 것이다. 즉 수요를 차단하는 것이다. 채식주의를 택하여 우리가 육류 섭취를 줄일수록 동물들은 억지로 성장 촉진제를 맞아가며 타고난 성장주기를 단축해 자라지 않아도 되고, 비윤리적인 수정을 통한 임신을 하지 않아도 된다. 인위적인 성장 조작을 통해 받는 스트레스도 줄일 수 있고, 발 디딜 틈도 없고 몸도 돌릴 수 없는 좁은 케이지에서 사육되지 않아도 된다. 지구상에 비건이 늘어난다면 적어도 이런 비윤리적이고 폭력적인 공장식 축산으로 가축들을 착취할 필요가 없어지는 것이다.

공장식 축산이 줄고 사육의 개체 수가 줄면 우리나라뿐만 아니라 전 세계적으로 구제역이 돌 때마다 살처분되는 수십 또는 수백만 마리의 동물들도 그렇게 죽을 필요가 없어진다. 이 공장식 축산으로 동물들이 다닥다닥 사육되지만 않아도 구제역이나 조류인플루엔자 같은 바이러스들의 급격한 확산과 살처분 개체 수를 줄일 수 있다는 점에서 비건의 시작은 나비효과가 되어 동물의 삶과 사회적 문제를 바꿀 수 있다.

한편 동물실험은 공장식 축산보다 더 심각한 문제다. 아픔을 잘 참고 낙천적이라는 이유만으로 비글은 동물실험에 가장 많이 이용되는 종이 되었고 지금도 고통스러운 실험에 이용당하고 있다. 동물실험 외에도 튼튼하다며 사용되는 소가죽, 부드럽고 따뜻하다고 이용되는 모피를 얻는 과정 또한 대표적인 동물권 침해 사례다. 과거에는 대체할만한 소재가 없어 어쩔 수 없이 필요 때문에 사용되었다지만 지금은 가죽이 없어서 우리가 일상생활이 불가능하거나 지장을 주는 예는 없다. 고어텍스처럼 발수 방수기능이 뛰어난 기능성 소재들이 개발되고 비건 레더처럼 충분히 소가죽을 대체할 만한 소재들이 나오는 지금, 가죽의 필요성은 더욱 줄어들게 될 것이다.

과거에 비해 비건 인구가 늘어나고 있는 요즘, 이러한 수요에 발맞춰 동물실험을 하지 않고, 동물성 성분을 사용하지 않는 비건 인증을 받은 화장품도 많은 기업이 앞다투어 시장에 내놓고 있다. 이처럼 비건의 목소리가 늘어날수록 자본주의 사회에서는 자연스럽게 공급이 발생할 것이고 충분히 동물권을 보장할 수 있는 여건을 만들 수 있다.

동물권

Question

동물권만 중요한가? 식물권은?

Answer

1장에서 다음에 이야기해보겠다는 주제다. 바로 식물권을 주장하는 것, 물론 있을 수 있다. 하지만 일단 이 질문은 육식하는 사람들이 주로 채식하는 사람들을 공격하거나 육식을 정당화하고 싶은 심리를 바탕으로 던지는 질문이므로 애초에 질문 의도 자체가 좋지 못하다.

그런데도 근거를 바탕으로 이야기해보자면 식물이 고통을 느낀다는 것은 가설에 불과하다. 식물이 고통을 느낀다는 연구 결과가 있다고 한다면. 가령 칭찬만 듣고 자란 양파와 비난과 악담만 듣고 자란 양파 생육의 결과가 별 차이가 없거나 오히려 악담과 비난만 듣고 자란 양파가 더 잘 자란 웃을 수도 울 수도 없는 실험 결과도 있으니 식물이 어떤 감정을 느끼거나 고통을 느껴 채식은 좋지 않다고 말하기엔 충분하고 납득 가능한 근거가 없다고 볼 수 있다.

육식은 동물의 생명을 확실히 앗아가지만, 채식은 식물의 생명을 앗아가지 않는 경우가 많다. 가령 나무에서 열리는 열매를 딴다고 나무가 바로 시들거나 죽지는 않는다. 상추는 잎사귀를 뜯어도 뿌리만 건강하면 계속해서 잎사귀를 만들어낸다. 또한 식물은 동물과 곤충에게 먹힘으로 동물의 배설물 속에서 새로운 생명을 탄생시키고 자신들의 영역을 확장해나가기도 한다.

식물은 우리에게 먹을 것을 줄 뿐만 아니라 생명의 소중함과 위대함까지 느낄 수 있게 해주는 존재로서 결국 땅의 영양분을 동물에게 공급해주는 가장 중요하고 기본이 되는 먹이이자 음식이다. 식물의 개체 수가 넘쳐난다고 하여 지구의 생태계가 위협을 받고 각종 환경문제가 야기되지는 않는다. 오히려 대기를 정화하고 신선한 산소를 공급해준다. 이처럼 식물은 온전히 우리에게 좋은 것을 제공해주는 고마운 존재이고 그것에 감사하며 자연을 훼손하지 않는 것이 식물권을 보장하는데 더 큰 도움이 된다.

식물권은 이런 채식주의 논쟁에 사용될 권리가 아니라고 본다. 게다가 각종 삼림이 훼손되는 배경에는 축산업 확산을 위한 무분별한 벌목도 일정부분 원인을 차지한다. 논쟁 이외에 이미 식물권은 인간에 의해

심각하게 침해되고 있다. 각종 개발로 민둥산이 되어버리고 인간의 관리 부실로 발생하는 산불로 타버리는 삼림들을 보면 가만히 있지 말고 식물권을 보장하라고 주장하는 것이 더 옳은 방향이지 않을까.

환경

Question

비건이 되면 왜 지구환경에 도움이 될까?

Answer

공장식 축산은 동물에게 좋지 못할 뿐만 아니라 공장식 축산이 유발하는 환경오염 또한 어마어마하다. 소의 거름이 농업에 중요한 퇴비가 되던 것도 옛말이다. 축사에서 발생하는 수십 톤의 분뇨는 이제 농가에 필요한 수준을 넘어섰다. 제대로 처리되지 않는 오염수들은 하천과 강을 오염시키고 규제가 느슨한 국가에서는 이런 분뇨를 해양에 무단으로 방출해 해양 생태계를 위협하고 있다.

대부분이 농사가 아닌 식용목적으로 키워지는 소의 방귀 또한 온실가스를 늘리는 주범으로 오래전부터 지목되고 있다. 한 뉴스 기사에 따르면 소가 배출하는 방귀에서 나오는 메탄가스 배출량은 전 세계 메탄

가스 배출량의 약 25%라고 한다. 이외에 가축들을 다 합친다면 약 37%까지 증가한다고 한다. 유엔 보고서에서도 현재 가장 빠르게 기후변화의 속도를 늦출 방법은 메탄가스를 줄이는 것이라고 언급한다. 채식을 하는 것이 지구환경에 도움이 될 수 있다는 옥스퍼드 대학의 연구 결과도 있다. 우리가 육류나 유제품 섭취를 줄이게 된다면 온실가스 배출량을 최대 70%까지 감축시킬 수 있다는 것이다. 물론 이 연구 결과는 이상적인 수치다. 하지만 그만큼 육류 소비로 인해 발생하는 환경오염의 영향력이 상당히 크다는 것을 방증한다. 축산업의 수요를 줄여 가축의 개체 수가 조금이라도 줄어들게 된다면 분명히 이 축산업에서 발생하는 수많은 환경오염 요인을 줄여 나갈 수 있다.

늘어나는 육류 소비와 축산업의 증가가 가져오는 문제는 이뿐만이 아니다. 축산업을 하려면 목초지가 필수적이다. 평야가 없는 지역에서 이런 축산업을 하려면 기존의 산림을 개간하는 방법밖에 없다. 문제는 개간 규모가 뒷동산을 미는 정도가 아니라는 점이다. '지구의 허파' 아마존의 열대우림 파괴 수준이 2022년 기준 역대 최악으로 그 면적이 여의도의 300배에 달한다는 뉴스들이 쏟아지고 있다. 그만큼 나무들이 흡수할 수 있는 대기 중의 탄소량도 줄어들게 된다. 지구가 자정작용을 할 수 있는 고리마저 끊어버리고 있다. 개인이 참여할 수 있는 수준에서 지구환경을 지킬 수 있는 밀접하고 확실한 효과를 줄 수 있는 것은 결국 채식하는 것이고, 그 어떠한 대기오염, 환경오염을 정화하는 방법들보다도 비용적인 면에서 가장 저렴할 것이다.

Question

03

::

WHAT?
비건에 대해 알아보기

비건과 신체 건강

Question

비타민 B12가 부족하진 않나?

Answer

채식주의자가 되면 결핍되기 쉬운 영양소가 있다. 바로 비타민 B12이다. 많은 예비 채식주의자도 채식을 시작하기에 앞서 비타민 B12 결핍을 걱정하는 것을 쉽게 볼 수 있다. 그렇다면 비타민 B12는 무슨 역할을 하기에 이렇게 사람들이 걱정하고 우려하는 것일까?

비타민 B12는 우리 몸속 세포분열이나 혈액을 만들어내는 과정에 영향을 미치는 영양소로 우리 몸이 스스로 합성해 낼 수도 없고 주로 동물성 식품에서 섭취할 수 있다고 알려져 있다. 하루 권장 섭취량은 성인 기준 2.4㎍으로 몸속 간에 저장되어 조금씩 소진되기 때문에 섭취를 안 하거나 섭취량이 줄었다고 해서 당장 큰일이 발생하는 것은 아니지만 부족해지면 피로감이 증가하고 혈액생성에 영향을 미치다 보니 빈혈이 발생할 수도 있다. 그렇기에 더더욱 주의가 필요한 영양소임은 틀림이 없다. 그렇다면 어떻게 이 부족한 부분을 채울 수 있을까?

비타민 B12의 흡수율이 동물성 식품을 통해서 섭취했을 때보다 적지만 다행스럽게도 채식을 통해서 비타민 B12를 공급받을 방법이 몇 가지 있다. 일반적으로 아몬드유나 두유 그리고 귀리유를 섭취해도 비타민 B12를 섭취할 수 있다고 알려져 있다. 이외에 최근 된장과 청국장과 같은 발효식품에서도 비타민 B12가 함유되어있다는 연구 결과가 발표되었는데, 콩이 발효되는 과정에서 미생물에 의해 비타민 B12가 생성된다는 것이다. 그뿐만 아니라 우리 식탁에서 자주 볼 수 있는 미역이나 김에도 비타민 B12가 함유되어있다. 특히 김의 비타민 B12 함유량은 동물성 식품 속 함유량에 버금가는 양이 들어있어 식단을 구성할 때 김을 자주 섭취해주면 충분한 양을 섭취할 수 있다. 비타민 B12를 많이 함유한 식재료들을 보면 김, 미역, 파래, 함초, 톳, 현미, 검은콩, 표고버섯, 맥아, 효모, 된장, 간장, 고추장, 청국장, 김치 등 해조류와 발효식품이 많다는 것을 알 수 있다. 서양인들의 경우 발효음식과 해조류를 많이 섭취하는 식단이 아니므로 비타민 B12가 부족하다는 연구 결과가 나올 수 있지만, 발효음식을 자주 먹고 김과 미역 등의 해조류를 즐겨 먹는 한국인의 경우 비타민 B12 부족을 특별히 걱정할 필요는 없다.

그런데도 비타민 B12 결핍이 걱정된다면 비타민 B12 영양제를 복용해 이를 보충해 주는 것도 충분히 좋은 선택이다. 채식을 한다 해도 어떤 정해진 법이 있는 것이 아니기 때문에 채식 초심자라면 영양제를 먹어 불안감을 해소하는 것도 채식을 시작하는 데 큰 도움이 될 것이다. 또한 임신 중이거나 최근 수술을 해 회복이 필요한 환자라면 미역국이나 김 섭취도 도움이 되겠지만 꼭 의사와 상의할 필요가 있다. 어디까지나 건강하기 위해 채식을 하는 만큼 본인에게 맞는 선택지를 고르는 것이 가장 중요하다.

비건과 신체 건강

Question

비타민 D가 부족하진 않나?

Answer

채식한다면 비타민 B12와 더불어 결핍이 걱정되는 영양소가 바로 비타민 D다. 하루 권장 섭취량은 400에서 800IU다. 비타민 D가 결핍되면 뼈와 관절 건강에 영향을 끼치고 갑상샘, 면역기능 혹은 우울증까지 생길 수 있는 만큼 주의해야 하는 영양소다. 그런데 비타민 B12와는 다르게 비타민 D는 채식뿐만 아니라 잡식, 육식도 결핍을 걱정해야 한다. 왜 그럴까? 건강에 조금이라도 관심이 있다면 이미 눈치챘을 수도 있다.

비타민 D의 가장 큰 공급원은 햇빛이다. 바쁜 현대인들이 햇볕을 쬘 여유 없이 9시부터 해가 지는 6시까지 일을 하다 보니 비타민 D가 몸속에서 합성될 시간조차 없다. 피부에 기미, 주근깨가 생기는 것을 싫어해 태양을 피해 다니는 사람들은 더 많다. 오죽하면 한국인의 90% 이상이 비타민 D 결핍이라는 연구 결과도 있을 정도다. 그렇다 보니 많은 현대인은 비타민 D 결핍에 의한 각종 불편을 호소하며 비타민 주사나 영양제를 따로 먹고 있는 경우를 흔하게 볼 수 있다. 균형 있고 영양 잡힌 음식을 섭취하지 않으면 육식을 하더라도 비타민 D는 결핍되기 쉽다.

채식하는데 비타민 D 결핍이 걱정된다? 가장 좋은 방법은 오전 10시부터 오후 3시 사이에 10분에서 20분 정도의 산책을 하는 것이다. 되도록 팔과 다리는 충분히 햇볕을 쬘 수 있도록 드러내는 것이 좋다. 이렇게 체내에 합성된 비타민 D는 비타민 B12와 마찬가지로 몸속에 저장되기 때문에 최대 3개월까지 몸속에 활용된다.

봄에서 가을까지는 이렇게 주기적인 외출을 할 수 있다고 해도 겨울철 같은 경우엔 추위 때문에 나가는 것 자체부터 가장 큰 걸림돌이 된다. 이때는 비타민 D가 함유된 식품 섭취에 조금 더 신경을 써야 한다. 채식을 통해 비타민 D를 섭취할 수 있는 좋은 방법은 버섯을 섭취하는 것이다. 미국의 생화학학회에 발표된 연구에 의하면 매일 버섯을 섭취한 사람의 비타민 D 수치가 매일 비타민 D2 혹은 D3 영양제를 먹은 사람과 같은 수준으로 증가했다고 한다.

생표고버섯보다 말린 표고버섯이 약 15배나 많은 비타민 D를 함유하고 있고 섭취하기 전에 햇빛 같은 자외선을 쬐도록 두면 비타민 D 농도를 높일 수 있다는 연구 결과도 있다. 겨울이 되기 전 무, 가지, 호박, 버섯, 각종 산나물 등을 햇볕에 말려 나물로 먹었던 선조들의 지혜 속에는 이미 비타민 D에 대한 해결책이 들어있었다. 이처럼 채식을 통해서도 충분히 비타민 D를 섭취할 수 있는 만큼 종류도 다양한 버섯이나 말린 산나물을 요리해서 섭취해보자. 그렇게 한다면 채식을 하더라도 영양소가 결핍될까 봐 걱정하지 않아도 된다. 물론 건나물이나 버섯이 너무 먹기 싫다면, 이 또한 영양제를 따로 먹는 것도 개인의 선택이다.

Question

채식하면서 현명하게 콩을 섭취하는 방법은?

Answer

채식을 하면 물론 어느 정도 콩을 섭취해주는 것이 도움이 된다. 육류를 대체할 만큼 콩에는 많은 단백질이 들어있기 때문이다. 이외에도 다양한 비타민, 무기질 등이 함유되어있어 많은 사람이 건강한 식품이라고 생각하고 섭취하고 있다. 채식을 막 시작한 사람들은 두부를 섭취하거나 콩고기를 통해 육류를 섭취하던 습관을 바꾸려고 하는 것이 일반적이다.

다만 콩이 채소라고 하더라도 콩이나 대두로 만들어진 식품을 섭취할 때 주의할 점이 있다. 먼저 콩은 많은 단백질을 함유하고 있어서 고기를 대체한다고 하여 콩류의 식품을 다량으로 섭취하게 된다면 몸에 들어간 단백질이 특히나 신장이 약한 환자에게는 무리를 줄 수 있다. 또한 요즘같이 대량생산과 각종 병충해에 강한 작물을 키우기 위해 유전자변형식품GMO들이 해외에서 수입되고 있는 상황에서 우리 식탁에 올라오는 콩, 혹은 콩을 가공한 식품이 과연 안전한가에 대해서는 장담할 수 없다. 아직도 안정성에 대해 찬반 의견이 대립하고 있는 만큼 국내산 콩으로 만들어진 식품을 먹거나 직접 재배해서 섭취하는 것이 아니라면 섭취 시 성분표에서 제품의 원산지 등을 살펴보고 국산 위주로 그리고 유전자 조작 콩을 피해서 선택할 것을 권장한다.

특히 콩류의 식품을 다량 섭취하게 된다면 콩 단백질인 이소플라본이 몸속에 교란을 줄 수 있다. 이소플라본은 식물성 에스트로젠이라고 불릴 만큼 섭취했을 때 몸에서 에스트로젠과 같은 역할을 하는데 여성의 경우 이소플라본의 권장량인 대략 40mg에서 120mg 이상을 초과해 섭취하게 된다면 이 이소플라본이 몸속 호르몬 균형을 무너뜨려 여성의 월경 주기에 영향을 끼칠 수 있다. 에스트로젠 자체가 여성의 몸에 해롭다는 것이 아니다. 여성의 건강에 필요한 호르몬은 맞지만, 에스트로젠 호르몬 수치가 과다해지면 자궁 내벽이 두꺼워지거나 자궁근종 등의 각종 부인과 질병을 일으킬 수 있으므로 콩의 과다한 섭취를 주의해야 하는 것이다. 또한 갑상샘저하증이나 신장결석이 있으면 이소플라본의 부작용 발생 위험이 크므로 주의해서 섭취해야 한다.

어떻게 길러졌는지, 어떻게 만들어졌는지, 얼마나 먹는지가 중요하다는 것이지 마냥 콩 섭취를 금지하라는 이야기는 아니니 오해는 하지 말자. 차가운 콩국수나 두유, 단단한 콩조림 등은 가스등을 유발할 수도 있으니 체질 따라 섭취법을 달리하면 된다. 체질이 냉하고 소화불량이 심하여 가스가 잘 차거나 자궁에 근종, 수종 또 부종이 심한 사람은 발효 된장, 간장, 소화되기 쉬운 순두부 등을 따뜻하게 먹으면 좋다. 이렇게 다양한 방법으로 콩을 섭취하거나 콩 이외에도 견과류, 종실류, 현미를 섭취해서 단백질을 공급할 수도 있고 감자, 통밀, 시금치, 브로콜리 등 다양한 채소에서도 일일 권장 섭취량을 충족시킬 수 있으니 콩만을 단백질 공급원으로 생각하지 말고 다양한 식물 단백질을 골고루 섭취할 수 있도록 하자.

Question

견과류 건강히 섭취하는 방법은?

Answer

과자만큼이나 먹다 보면 계속해서 손이 가는 맛있고 건강한 식품 견과류. 생선에서 섭취할 수 있는 오메가3, 불포화지방산뿐만 아니라 각종 미네랄과 비타민도 먹을 수 있어 다이어트 식품으로도 인기가 많고 비건식을 꾸릴 때 육류의 대안으로 빠질 수 없는 식품이다.

견과류의 하루 권장 소비량은 약 30~50g 정도로 가벼운 한 줌 정도이다. 이를 넘어서 과도하게 섭취하게 되면 견과류도 열량이 높아 체중이 증가할 수 있으니 섭취량에 주의가 필요한데 더 중요한 것이 있다. 바로 견과류의 보관 방법이다. 견과류를 구매하면 보통 지퍼백에 포장되어있는데 그렇게 포장이 된 데에는 이유가 있다. 견과류가 잘못 보관

되면 발암물질이 생기기 때문이다. 잘 모르는 사람들은 평소에 그냥 지퍼백을 열어놓고 상온에 오래 두고 먹는 경우가 많은데 이렇게 되면 건강해지려고 섭취하는 견과류가 오히려 독이 되니 조심해야 한다. 견과류를 건강하게 섭취하려면 꼭 보관 시 서늘한 장소에서 밀봉하여 견과류에 곰팡이가 피거나 견과류에 있는 지방이 산소와 만나 산패되는 것을 방지해야 문제없이 섭취할 수 있다. 견과류를 먹기 전 냄새를 맡아보고 꿉꿉한 냄새가 나지 않는지 확인해보고 의심이 된다면 폐기하는 것이 좋다.

비건과 신체 건강

Question

채식이 좋은 건 알겠지만 맛은 없다?

Answer

채식이 맛이 없다? 반은 맞고 반은 틀리다. 채소가 쓰다거나 떫다고 느껴서 채식이 맛이 없다고 생각하는 사람들도 물론 있다. 다만 채식도 맛이 있을 수 있다. 진짜 맛있는 채식 요리를 먹어보지 못해서 그럴 수 있다. 우리의 식습관은 어릴 때 주로 어떤 음식을 먹느냐에 따라 자리를 잡는 것이 일반적이다. 부모님을 탓할 순 없지만, 그저 본인이 채소와의 친밀도가 낮다면 그만큼 유년 시절에 거부감을 줄인 방식으로 채소를 먹어본 경험이 덜해서 그렇다고 생각하면 된다. 그렇다고 태생적으로 아무거나 잘 먹는 사람들은 복 받은 식성인 셈이니 비교하진 말자.

그럼 이제 채식은 하고 싶지만, 채소가 입에 맞지 않을까 두려워하거나 자신의 편식 때문에 주눅 들어있는 사람들은 평생 채식을 시작할 수 없는 것일까? 아니다. 자신이 먹을 수 있는 수준부터 시작하면 된다. 비건이 되겠다고 마음먹었다고 해서 하루아침에 채식주의의 최상위 단계를 실천하겠다고 하는 것은 조만간 그만두겠다는 소리나 다름없다. 채식주의에도 앞서 설명했듯이 다양한 단계가 있는 만큼 자신이 시작해볼 수 있는 수준에서 천천히 시작해보는 것이 좋다. 어디까지나 우리가 평생 가져갈 생활 습관이 되는 것이기 때문에 장기적으로 꾸준히 습관을 바꿔나간다면 점점 채식에 익숙해지는 자기 모습을 볼 수 있을 것이다.

한편 최근에는 비건 식당들도 점점 늘어나고 있을 뿐만 아니라 각종 SNS나 유튜브에서 '채식 레시피'라고 검색만 해봐도 맛있게 채식을 즐길 수 있는 다양한 레시피들이 공유되고 있고 영상을 시청하면서 어렵지 않게 따라 만들어 볼 수도 있다. 채식이라고 해서 식탁 위가 온통 푸른색일 필요는 없다. 버섯과 고구마가 들어간 카레가 올라갈 수도 있고 육류를 빼고 각종 버섯이 들어간 잡채가 올라갈 수도 있다. 4장에서도 소개할 예정이지만 채식으로도 아주 맛있고 다양한 레시피가 존재하니 '채식하면 풀만 먹는 거 아닐까?' 하는 걱정은 접어두자. 채식주의를 실천하고 있는 수많은 사람의 비결을 접할 수 있는 수단들이 많아졌기 때문에 채식을 시도해보겠다는 개인의 의지와 약간의 노동력을 곁들인 용의만 있다면 충분히 채식도 맛있게 할 수 있다.

비건과 신체 건강

Question

비건에게 필요할 수도 있는 영양제는 무엇이 있을까?

Answer

모든 사람이 건강하게 골고루 음식을 섭취한다면 굳이 영양제를 추가로 먹을 필요가 없다. 하지만 이렇게 교과서적으로 살 수 있는 현대인들이 몇이나 될까. 이렇다 보니 비건의 유무를 떠나 많은 사람이 영양제를 챙겨 먹는다. 그렇다면 바쁜 비건인이라는 가정하에 부족할 수 있는 영양소는 무엇이 있을지 챙겨 먹으면 좋은 영양제에 관해 이야기해보도록 하겠다.

먼저 비타민 B12다. 혈액생성과 세포분열에 영향을 미치는 영양소로 주로 발효식품이나 김 같은 해조류를 통해 섭취할 수 있지만, 균형있게 식단을 꾸리지 않으면 가장 결핍되기 쉬운 영양소이니 불편한 증상이 있어 병원에서 결핍 진단을 받았다면 영양제로 먹는 것이 도움이 될 수 있다.

두 번째로는 비타민 D다. 튼튼한 뼈 건강을 위해서라면 필수이지만 현대인이라면 대부분 결핍되기 쉬운 이 영양소는 햇빛을 주기적으로 자주 쬐어야만 체내에 합성이 되기 때문에 야외활동을 자주 하지 못하고 불편한 증상과 병원에서 진단이 있다면 영양제를 먹어주는 게 좋을 수 있다. 물론 건나물이나 버섯을 섭취하는 것도 좋은 방법이다.

세번째로 오메가3는 주로 고등어나 연어 같은 생선류에 많으며 심혈관 질환에 도움이 되는 것으로 알려져 있다. 다만 시중에 판매되는 오메가3 영양제는 이런 어류에서 추출한 동물성 제품이기 때문에 각종 중금속이나 해양 오염에 노출되어있을 가능성이 있다. 그러므로 햄프시드, 치아시드, 들깨를 섭취하거나 이런 식물에서 추출한 식물성 오메가3 영양제를 먹는 것이 건강에 더 도움이 될 수 있다. 그리고 참깨, 들깨, 참기름, 들기름 등을 모든 나물에 넣는 한국식 문화에서는 부족할 수 없는 영양소가 오메가3와 오메가6이니 특별히 걱정하지 않아도 된다.

이외에는 대부분 채식을 통해서 충분히 섭취할 수 있는 영양소들이기 때문에 비타민 B12, 비타민 D 섭취에만 조금 더 유의하는 것이 좋다. 조금 귀찮거나 어려울 수는 있지만, 채식하고자 한다면 자신이 먹는 식단에 대한 충분한 이해와 관심이 필요하다는 걸 꼭 명심하자.

Question

몸이 차고 춥다. 채식하면 기초체온이 떨어지지 않나?

Answer

채식하면서 추위를 부쩍 자주 느끼게 됐다는 이야기를 종종 듣는다. 물론 틀린 말은 아니다. 몸의 열을 가두는 역할을 하는 지방이 줄어들면 그만큼 추위를 느낄 수 있는 것은 당연하다. 기본적으로 채소의 열량도 그렇게 높지 않으며 채식을 하는 사람들이 과식을 많이 하는 편도 아니니 음식을 통해 얻는 열량이 높지 않기 때문에 몸에서 만드는 열도 낮아질 수밖에 없다.

중요한 건 이것이 우리 몸에 큰 문제가 되지 않는다는 것이다. 과체중이었던 사람은 알 것이다. 한여름의 찜통 같은 더위 아래에 몸의 지방 때문에 땀이 비 오듯 쏟아져 불쾌 지수가 높아져 본 적이 있지 않은가?

야외활동 자체가 곤욕이다. 추우면 옷을 껴입고 핫팩을 붙이면 되지만 더우면 답도 없다. 그렇다고 추위 때문에 두꺼운 지방층을 두르고 있을 것인가? 체질량 지수가 높으면 몸속 노폐물이 많이 쌓이게 되므로 좋지 않다는 건 다들 알지 않은가. 오히려 추운 날 운동을 하는 것이 몸에 도움이 된다고 할 정도로 적당한 추위를 느끼는 것 자체가 몸의 원활한 신진대사를 촉진하고, 혈액순환을 더 빠르게 유도해 신체 건강에 도움을 준다. 그러니 기존보다 체온이 낮아지거나 추위를 탄다고 크게 걱정하지 말자. 그렇다고 채식을 한다 해서 안심하고 과식하거나 열량을 생산해내려고 음식을 과하게 섭취하진 말자. 음식을 소화해내는 과정에서 몸속에는 활성산소가 발생하게 되는데 이 활성산소는 세포를 공격하거나 DNA를 파괴하는 등 다방면으로 우리 몸을 공격하는 유해 물질이기 때문이다.

낮아진 체온, 여름에는 훨씬 쾌적한 일상생활을 보낼 수 있지만, 겨울에는 조금 힘들 수 있으므로 몇 가지 도움이 되는 방법이 있다. 먼저 반신욕이나 족욕을 아침저녁으로 틈틈이 해주면 신체 온도가 올라가고 원활한 혈액순환을 도울 수 있다. 꾸준한 운동을 통해 몸의 열을 만들어내는 것도 도움이 된다. 빨리 걷기나 단전호흡을 하는 것도 좋고 근육운동 특히 하체운동, 모관운동이 기초체온을 높이는 데 도움이 된다. 평상시에 활동할 때는 꼭 내의를 입어 몸의 열을 보존해줄 수 있도록 적절한 복장을 하는 것도 추위를 덜 탈 수 있을 것이다. 생강차나 계피차, 수정과 등의 몸을 따뜻하게 하는 데 도움이 되는 차를 마시는 것도 괜찮은 방법이다. 이외에도 평소에 밤늦게 자는 불규칙한 생활 습관을 지니고 있거나 스트레스를 자주 받으면 교감신경계가 자극받아 체온을 낮추기 때문에, 규칙적인 수면 습관과 따뜻한 마음 그리고 열정적인 삶의 자세를 가지는 등 건강한 체온을 유지하기 위해서는 문제가 될 수 있는 생활 습관을 고치는 것도 중요하다.

Question

저혈압이 되지 않나?

Answer

채식을 하게 되면 기력이 달리고 저혈압이 올 것 같다는 두려움은 일단 내려놓는 것이 좋다. 대한민국 5대 노인성 질환 중 하나가 바로 고혈압인 만큼 한국에는 고혈압 환자뿐만 아니라 예비 고혈압 환자들이 많다. 육식은 각종 노폐물이 혈관에 쌓여 혈관을 좁게 하므로 고혈압을 유발한다. 반면 채식은 혈관을 깨끗하게 해 정상적인 혈액순환이 가능하게 한다. 우리가 집중해야 하는 것은 정상 수치보다 높아질 가능성이 있는 혈압을 정상혈압 수준으로 낮추고 유지하는 것이지 내 혈압이 저혈압이 될 정도로 낮아질 것 같다는데 포인트를 두는 것은 좋지 않다.

물론 사람의 체질에 따라 채식을 하면 저혈압이라고 할 만큼 낮은 혈압을 보일 수 있다. 저혈압이 되기 쉬운 신체조건을 살펴보면 흰 피부, 가는 뼈, 몸에 털이 없거나 몸이 심하게 야윈 경우, 부종이 심한 사람일 경우가 많다. 이런 신체조건에서 차가운 음식, 많은 양의 수분 섭취, 싱거운 음식을 먹는 습관과 운동 부족이 지속되면 저혈압이 되기 쉽다. 이때는 따뜻한 음식과 간기 있는 음식을 먹고 햇빛을 보며 걷거나 밝은 마음을 유지하려 노력한다면 도움을 받을 수 있다. 그러나 본인이 일상생활이 불가능하고 몸이 이상하다고 느끼는 것은 현재 잘못된 방식으로 채식을 하고 있다는 것이므로 꼭 의사와 상담을 통해 몸 상태를 점검하는 것도 필요하다.

Question

채식으로 건강하게 다이어트 하는 방법에는 무엇이 있을까?

Answer

세상에는 수많은 다이어트 종류가 있다. 간헐적 단식, 원푸드 다이어트, 덴마크 다이어트 등등. 모두가 그런 것은 아니지만 대부분 극단적인 식단으로 다이어트를 해야 한다. 그만큼 몸에 무리가 많이 가기 때문에 지속할 수 있기보다는 단기간에 해내야 하는 경우가 많다. 그러나 채식은 그냥 자동으로 다이어트가 된다. 채식을 하게 되면 기본적으로 우리 몸에 불필요한 영양이나 병을 유발하는 식품들은 자연스럽게 섭취하지 않게 된다. 그러므로 체중감소뿐만 아니라 혈중 콜레스테롤 농도도 낮출 수 있고 포화지방도 줄어들어 각종 성인병도 예방할 수 있게 된다. 이렇게 말한다고 하면 어쩐지 풀만 잔뜩 먹어야 할 것 같은 채식은 더 극단적인 것 아니냐고 반문할 수도 있겠다. 하지만 앞서 이야기했듯 채식도 충분히 맛있을 수 있다.

채식으로 건강하게 다이어트를 하는 방법은 간단하다. '원하는 목표를 정하고 균형 있는 채식 식단을 짜는 것' 이것이 전부다. 교과서적인 이야기일지 몰라도 이처럼 명료한 정답이 어디 있을까. 구체적으로 이야기하자면 먼저 자신이 실천할 수 있는 채식주의 단계를 선택한다. 자신의 상황에 맞는 채식을 시작해야 지속 가능한 채식을 할 수 있다. 그리고 이에 맞는 식단을 만들어본다. 균형 잡힌 채식 식단을 짰다면 여기에 채소들을 맛있게 요리하면 된다. 채식하면 쉽게 결핍될 수 있는 영양소(비타민 B12, 비타민 D, 오메가3 등)들도 고려하여 적절하게 섭취해주도록 하자.

단기간에 효과를 보겠다는 마음보다는 최소 1년은 바라봐야 건강하게 체중을 감량할 수 있다. 채식하는데도 불구하고 굶거나 식사량을 줄이는 방식으로 다이어트를 하는 사람은 없으리라 믿는다. 그렇게 되면 급격히 살이 빠져 신체의 영양 균형도 무너질 뿐만 아니라 면역력에도 좋지 못하다. 다이어트에서 중요한 것이 감정의 이해인데 극단적인 식단을 하게 되면 해소되지 못한 분노, 슬픔, 욕망, 허전함, 우울 등의 감정이 주체할 수 없는 식욕으로 둔갑하여 과식이나 폭식을 일으켜 구멍이 뚫린 신체 균형은 이후에 요요현상이나 심하면 건강을 잃는 결과를 가져올 수 있다. 그러므로 감정을 잘 인지하고 해소할 수 있는 운동과 명상 같은 마음 다스림 등으로 자신의 감정을 바라보고 이해하면서 적절한 식단으로 꾸준하게 다이어트를 해야 한다.

체질에 따라 다르게도 효과적인 다이어트를 할 수 있다. 지방이 많은 체질의 경우 함초, 셀러리, 해초류 등을 골고루 섭취하면서 지속적인 운동을 하면 좋다. 수분이 많은 체질의 경우는 율무차, 옥수수수염차 등을 마시거나, 호박, 팥, 생강, 넝쿨 식물류 등으로 반찬을 만들어 먹고 족욕을 하면 도움이 된다. 또한 심리적으로 불안한 사람의 경우는 대추차, 밀기울을 자주 먹거나 운동과 심리적 치료를 같이하면 좋다.

결국 핵심은 유지다. 성공적으로 채식 다이어트를 하고자 한다면 균형 있는 채식을 꾸준히 지속해 장기간 유지해보자. 채식 요리는 이미 넘쳐난다. 채식이 질리지 않도록 다양한 레시피를 통해 맛있고 새로운 채식 요리를 만든다면 원하는 결실을 볼 수 있을 것이다.

비건과 정신 건강

Question

성격이 예민해지지 않나?

Answer

채식으로 인해 성격이 예민해지고 날카로워지지 않느냐는 질문은 큰 오해다. 채식한다고 해서 무조건 살을 빼거나 다이어트에 목적이 있다고 인식하는 것이 일반적이라 이런 사람들의 편견에서 비롯된 생각도 물론 할 수 있다. 채식주의자와 다이어터를 혼동하지 말자. 또는 채식하는 조금 예민한 성격을 가진 사람을 접했을 수도 있다. 다만 어디까지나 상황에 따라 다양한 관점으로 봐야 한다는 것이다. 채식한다고 해서 도를 닦거나 스님처럼 수행하는 것이 아니다. 타고난 성향과 마음가짐도 개인마다 다르고 그저 채식이라는 공통된 실천 목표와 방향성을 함께하는 것이지, 성격은 자라난 환경, 사회, 현재 자신의 상황 등에 영향을 받기 더 쉬운 부분이기 때문에 채식이 사람의 성격을 예민하게 한다는 것은 편향적인 생각이다. 오히려 성격이 예민하다는 것은 채식이 원인이 아니라 현재 다른 이유로 인해 스트레스를 받는 상황일 확률이 높다. 여러 가지 압박과 많은 생각들로 자신을 혹사하고 있다면 요가와 명상 혹은 등산같이 마음을 다스리는 활동을 주기적으로 해야 한다.

채식해서 성격이 예민해지기보다는 오히려 채식해서 성격이 온화해지는 경우가 많다. 동물의 경우만 보아도 온화한 성품의 소, 코끼리, 말, 기린, 낙타 등은 모두 초식동물이다. 식물은 광합성을 해서 자연의 빛과 에너지를 모아서 사람에게 전달하는 역할을 하는데 세포에 빛이 없어지면 몸의 질병을, 마음에 빛이 없어지면 마음의 병을 앓게 된다. 그러므로 채식을 하며 식물을 섭취한다는 것은 자연의 가장 밝은 빛과 가장 맑은 물을 받아드리는 것이므로 몸과 마음에 모두 유익할 수밖에 없다.

과민대장증후군을 앓거나 평소 육류가 몸에 맞지 않아 속에 배가 부글부글 끓고 가스가 자주 차는 사람은 사회생활을 할 때 잦은 화장실 문제로 스트레스를 받는다. 중요한 순간에 항상 장이 꼬이기 때문에 그만큼 몸도 긴장되고 예민한 성격을 가지는 경우가 대부분이기 때문. 이런 사람들이 속이 편하고 섬유소가 풍부한 채소를 자주 섭취하게 되면 부드러운 변을 볼 수 있어 장의 자극을 줄일 수 있다. 그 결과 오히려 예민하던 성격이 온화해지고 편안해진다.

장과 관련하여 한가지 더 첨언하자면 요즘 유행하는 '마이크로바이

옴'이라는 이론이 있다. 장의 미생물 총이 우리의 면역계와 호르몬에 가장 큰 영향을 끼친다고 하는 이론인데, 우리의 한식은 이미 음식에서 장을 좋게 하는 발효음식과 양념으로 밥상을 차려왔다. K-문화, K-푸드는 어쩌면 우리의 밥상 문화가 만들어낸 결과가 아닐까? 최첨단과학 시대에 가장 최적화된 두뇌, 일 처리 방식, 예술 감각 등은 발효음식과 수많은 산과 들의 나물들을 조합한 쌈밥과 비빔밥의 조합 덕분일 것이다.

또 원인 모를 생리불순과 짜증, 불안감같이 평소 월경전증후군을 앓다가 채식을 하고 난 뒤 생리불순이 개선되고 정신적인 불안감이 줄어든 예도 있다. 실제로 채식을 하게 되면 기본적으로 육식보다 여성의 몸속 에스트로젠 수치가 두 배 이상 줄어든다는 연구 결과도 있다. 그만큼 채식은 우리 몸을 예민하게 만드는 것이 아니라 몸이 느낄 수 있는 염증과 통증을 완화해 외려 우리가 온화하고 편안한 성격을 가질 수 있도록 도움을 준다.

비건과 정신 건강

Question

채식을 하면 숙면에 도움이 되나?

Answer

쾌적한 수면을 방해하는 여러 가지 요인들이 있다. 평소 기름진 음식을 자주 섭취하거나 과식하고 난 다음 날 몸이 개운하지 않고 속이 더부룩한 적이 있지 않은가? 자기 직전에 음식을 섭취하거나 맵고 짜고 기름진 음식, 과식, 거기에 단백질이 과하게 들어간 식사는 수면에 방해가 될 수 있다. 심하면 역류성 식도염까지 얻게 되어 매번 잠을 잘 때마다 두려움을 느껴야 하는 일도 있을 것이다.

역류성 식도염은 위산이 식도로 역류하여 통증을 유발하는 질환으로 위산이 위장에 자극을 줄 만큼 필요 이상으로 분비되는 것을 막는 것이 가장 중요하다. 다만 어떤 식품을 어떻게 섭취했느냐에 따라 위산이 과하게 분비될 수도 아닐 수도 있다. 채소와 다르게 육류, 단백질 위주의 식사는 위산을 과하게 분비하도록 유도한다. 위에 들어간 단백질은 위산 분비를 촉진 시키는 가스트린 호르몬을 통해 위산 분비를 촉진한다. 그렇게 분비된 위산은 펩신이라는 효소를 통해 단백질을 소화할 수 있게 만드는 것이다. 채식은 이러한 육식과는 다르게 위산이 과하게 분비되지 않아 위장에 자극적이지도 않고 그만큼 위장 건강을 지킬 수 있다. 역류성 식도염으로 수면에 어려움을 겪고 있다면 자기 직전 음식을 섭취하는 것도 주의해야 하지만 채식 위주의 식습관으로 위산 분비량을 줄여야 질병의 근본적인 해결을 할 수 있다.

또한 육류 위주의 식사는 몸속에 과도한 단백질을 공급하기 때문에 소화 과정에서 단백질을 처리해야 하는 내장 기관에 자극을 준다. 이는 수면 중에도 방광에 자극을 줄 수 있고 자다가도 소변이 마려워서 잠에서 쉽게 깰 수 있게 하는 것이다. 그뿐만 아니라 과한 단백질 섭취는 심할 경우 방광과 신장에 무리를 주게 되는데 이렇게 신장에 과부하가 오면 필터 역할을 제대로 수행하지 못해 단백질을 그대로 배출해버리는 단백뇨가 발생한다. 단백뇨가 생기면 우리 몸은 쉽게 붓고 빨리 피로해져 일상생활을 어렵게 만들고 개운하지 못한 몸은 결국 수면에까지 영향을 끼치게 한다. 맵고 짜게 음식을 먹지 않는 것도 물론 중요하다. 짜게 먹으면 물을 많이 마시게 되고 소변을 자주 마렵게 해 수면에 방해가 된다.

양질의 잠을 자고 싶다면 정해진 시간에 적당한 식사를 섭취해야 하는 것이 가장 중요하고 여기에 더해 채식 위주의 식사를 통해 소화기관의 자극을 줄이는 식습관을 가지는 것이 수면에 장애를 줄 수 있는 요인들을 줄이는 가장 좋은 방법이다.

숙면에 도움이 되는 일반적인 방법들을 더 소개하면 잠들겠다는 생각을 버리고 숫자를 천천히 100까지 숫자를 반복해서 세거나 자기 전 족욕을 하면 도움이 된다. 식이요법으로는 맵거나 자극적인 음식, 카페인, 과도한 수분 섭취, 과식 등은 숙면을 방해하므로 제한하고 대추차나 볶은 통밀차를 마시는 것이 도움이 된다.

비건과 정신 건강

Question

채식하면 기분이 가라앉거나 우울해지지는 않을까?

Answer

채식하면 정말 쉽게 우울해질까? 채식에 대해 오해하는 일부 사람들은 채식하면 혀가 느끼기에 맛있는 음식을 먹지 못하니 기분이 좋지 않고 힘도 나지 않아 결국 우울증에 걸린다고 생각한다. 이런 걱정은 기우에 불과하다. 정신과에 상담하러 오는 환자들 대부분이 채식주의자라는 연구 결과가 있으면 모를까 오히려 과한 육류 섭취가 우울증을 발생시킬 확률이 높다는 연구 결과들이 많다. 물론 육류 섭취를 하거나 정제된 탄수화물을 섭취했을 경우 몸속에 엔도르핀을 분비해 실제로 기분이 나아질 수 있는 것은 맞다. 하지만 이런 식의 식사를 하게 되면 혈당이 점진적으로 상승하는 것이 아니라 급속도로 빠르게 상승하기 때문에 높아진 혈당을 낮추려는 몸속 호르몬 작용과 더불어 빠르게 오른 속

도만큼 혈당도 금세 낮아진다. 결국 감정 흐름의 폭이 커져 오히려 더 불안감을 느끼게 되고 피로감과 정신적 우울감 등을 느끼게 된다. 기분이 나아지길 바라며 음식을 섭취하고 또 먹었다고 후회하고를 반복해 결과적으론 비만에 걸릴 확률만 올라갈 뿐 내 기분은 나아지지 않는다. 마치 마약과도 같은 것이다.

또한 장 속에는 유익하고 해로운 수많은 미생물이 균형을 이루며 존재하고 있는데 이런 장내 미생물의 환경과 정신 건강이 연관되어있다는 연구 결과들도 쏟아지고 있다. 한 연구 결과에 따르면 일반적으로 건강한 사람의 장 속에는 면역력과 신경계에 중요한 역할을 하는 유익한 미생물이 많지만, 우울증을 앓고 있는 사람들의 장 속엔 유익한 미생물 대신 크론병을 일으키거나 신경세포에 부정적인 역할을 하는 미생물이 많았다고 한다. 비만이나 치매 환자들의 장 속에도 유익한 미생물들이 적다는 연구 결과도 많다. 그만큼 어떤 음식을 섭취해서 장 속의 환경을 조성해주느냐에 따라 장내 미생물의 우위가 결정되고 이들의 활동이 신체뿐만 아니라 뇌와 정신 건강에도 영향을 미친다는 것이다.

유익균을 늘리기 위한 가장 확실한 방법은 결국 식물성 식품을 위주로 한 채식을 통해 장에 풍부한 식이섬유를 공급해 유익한 미생물들을 늘리는 것이다. 장내 유익균을 늘리려면 적어도 하루에 약 23g 정도의 식이섬유 섭취를 권장한다. 채소와 과일뿐만 아니라 김치, 청국장과 같은 발효식품도 장내 유익균을 늘릴 수 있다. 결국 몸이 건강해야 정신도 건강할 수 있다.

식물은 빛, 물과 같은 자연의 생명력이 결합한 것인데 이러한 식물이 몸과 마음에 제공되지 않으면 육체적, 정신적 문제로 드러난다. 치유라는 것은 결국 세포와 마음에 부족한 생명력을 넣어주는 것이므로 자연식물식과 더불어 자연을 가까이하는 생활이 중요하다. 몸과 마음이 우울해지는 경우 정제당, 찬 음식, 인스턴트 음식의 과다섭취나 폭식, 과식과 같은 식습관과 더불어 불규칙한 생활 습관, 햇빛이 부족할 경우 발생하기 쉽다. 따라서 녹즙을 포함한 다양한 채식과 명상, 햇볕 아래 맨발 걷기와 같은 운동으로 더 나아가 즐거운 취미를 갖거나 사람들과 함께 관계 맺는 동호회나 봉사 활동 등을 통해 몸과 마음에 생명력을 가득 채워주면 더욱 건강해질 수 있을 것이다.

Question

주의력결핍 과다행동 장애(ADHD)에 채식이 도움이 되나?

Answer

ADHD는 주로 어린이나 청소년기에 발생하지만, 최근엔 성인에게서도 발견될 수 있어 관심이 높아지는 추세다. ADHD는 충동을 조절하기가 어렵고 주의가 산만하며 집중력이 낮은 증상을 보이는 정신질환으로, 유전이거나 신경계의 이상이 가장 유력한 발병 원인이라고 알려져 있다. 사실 현재로서 가장 확실한 치료 효과를 볼 수 있는 것은 약물 치료다. 다만 성인일수록 약을 끊었을 경우 부작용을 겪을 수 있을 확률도 높을 수 있다는 의견도 있는 만큼 이런 의학적인 방법으로 효과를 기대해도 되지만, 식습관 개선과 운동으로 ADHD 증상을 개선하는 방법을 생각해 보는 것도 좋다.

실제로 여러 연구 결과에 따르면 아이들이 가진 식습관과 ADHD가 서로 관련성이 있다고 한다. ADHD로 분류된 아이들은 주로 인스턴트, 탄산음료, 가공식품 위주로 섭취하는 식습관을 가지고 있지만, 그렇지 않은 아이들은 인스턴트보다 채소나 과일, 해조류를 상대적으로 더 많이 섭취했다는 것이다. 식물은 자연의 가장 밝은 빛과 가장 맑은 물을 결합한 생명력이므로 섭취하면 전기저항 없는 식물 기반의 음식들이 시냅스를 발달시켜 뇌의 신경망을 튼튼하게 하므로 학습 능력을 높이고 감정에도 긍정적 영향을 끼치게 된다. 그만큼 어떤 음식을 섭취하느냐에 따라서 성장기 두뇌 발달에 영향을 미칠 수 있다는 것이고, 건강한 음식을 섭취할수록 ADHD를 유발할 수 있는 확률이 낮아진다는 것이다.

뇌는 우리가 음식을 통해 섭취하는 하루 칼로리의 거의 1/4을 소비한다. 뇌가 소비하는 칼로리양이 높은 만큼 양질의 음식을 섭취하는 것은 분명 뇌의 건강에도 도움이 된다. 그렇지 않으면 뇌세포의 활동에 부정적인 영향이 미칠 수밖에 없다. 흔히 두뇌에 좋다고 알려진 생선과 오메가3를 섭취해야 하므로 ADHD는 비건이 될 수 없을까? 아니다. 오히려 비건식을 통해서 ADHD를 개선할 수 있다. 다만 일반적인 비건들보다 더 균형 잡힌 음식을 먹을 수 있도록 신경 써야 한다. 전문가들이 말하는 ADHD에 도움이 되는 식단이 비건식과 유사하다. 채소, 과일을 자주 섭취하고 렌틸콩, 아마씨, 통곡물류 등을 섭취한다면 ADHD로 겪는 여러 불편한 증상들이 개선될 수 있다고 한다. 정제된 밀가루로 만들어진 가공식품은 삼가는 것이 좋고 단백질이 풍부한 음식을 섭취할 것을 권장하고 있는 만큼 충분한 식물 단백질 섭취를 해야 한다. 이외에도 오메가3는 두뇌 건강에 영향을 미치기 때문에 치아시드나 들깨(들기름), 호두 등 견과류 섭취를 통해 식물성 오메가3를 꾸준히 섭취하는 것이 좋다. ADHD뿐만 아니라 두뇌 건강에 도움 되는 음식의 가장 중요하면서 기본적인 핵심은 가공되지 않은 자연 본연의 깨끗한 음식을 먹는 것이라는 점을 유념하자.

비건과 정신 건강

Question

채식은 공황장애 개선에 도움을 줄 수 있을까?

Answer

공황장애를 겪는 환자 대부분은 증상을 겪기 전 극심한 스트레스를 받는 경우가 대부분이다. 상황이 좋지 못해 정신이 무너지고 지속적인 스트레스에 노출되면 우리 뇌는 손상된다. 뇌에 정상적으로 공급되던 세로토닌이나 노르에피네프린 같은 신경 물질들이 제대로 공급되지 못하도록 기능장애를 일으키고 오히려 공포감이나 두려움을 느끼게 하는 편도를 과도하게 자극해 뇌는 공포심을 극대화한다. 심지어 과도한 스트레스는 코르티솔 호르몬을 몸속에서 만들어내는데 이 단계까지 오게 되면 밤에 잠을 잘 자지 못하거나 기분이 우울해지고 각종 불안, 공황장애를 유발하게 된다.

보통 공황장애를 앓는다면 우울증도 같이 오는 경우가 많다. 우울증에 대해서는 어떤 식습관을 섭취하느냐에 따라 장내 미생물 조성이 달라질 수 있고 중추신경계 및 정신 건강에 영향을 끼칠 수 있다고 앞서 설명한 바가 있다. 채식은 장내 환경을 유익균이 우세하게 만들어 우리 몸의 면역력을 강화한다. 그만큼 우리가 먹는 음식은 생각 이상으로 중요하다. 단순히 약을 먹으면 증상이 단번에 나아질 수 있지만, 그에 따른 부작용도 있다. 또한 장기적으로 자기 몸 자체가 바뀌지 않는다면 평생 약을 달고 살아야 할지도 모르는 것 아닌가.

가장 이상적인 해결책은 스트레스를 유발하는 상황 자체를 피하는 것이지만 우리가 사는 삶은 복잡하기 마련이다. 생계를 위해 어쩔 수 없이 직장에 다녀야 하고 예상치 못한 일들은 어김없이 발생한다. 이들을 우리가 통제할 수는 없다. 그런데도 이를 극복할 방법은 분명 존재한다. 채식도 그중 한 가지 방법이다. 통제할 수 없는 것에는 최대한 집중하지 말고 우리가 통제할 수 있는 부분을 신경 써보는 방법인 셈이다. 채식을 준비하면서 재료를 고르고 식단을 짜고 정성 들여 준비한 음식을 먹는 것 자체에 자신감과 뿌듯함을 느껴보자. 이렇게 하다 보면 깨끗한 음식이 곧 마음도 치유해줄 수 있을 것이고 누구보다 자신을 사랑하기 때문에 할 수 있는 식습관이 곧 채식이라는 것을 깨달을 수 있다.

조금 더 과학적으로 채식이 정신 건강에 이로울 수 있는 이유를 이야기하자면 '가바 GABA'라는 물질이 있는데 가바는 감마아미노부틸

산Gamma-Aminobutyric Acid의 줄임말로 뇌를 정상적인 상태로 유지하기 위해 신경세포의 비정상적인 활동을 억제해 스트레스에 공격받아 취약해진 뇌를 보호하거나 뇌가 가질 수 있는 여러 가지 물리, 정신적 장애를 개선할 수 있도록 한다. 한마디로 가바는 우리가 정서적인 안정을 취할 수 있게끔 도와준다. 그렇다면 어떤 식품이 가바를 많이 함유하고 있을까. 대부분 채소나 발효식품이다. 주로 현미, 녹차, 콩, 김치, 된장, 바나나, 감자 등에 많이 들어있다. 채식을 통해 장내 미생물 환경을 개선하고 가바 수치도 정상 이상으로 유지를 한다면 분명 공황장애로 인한 두려움도 뇌가 스스로 조절하는 데 도움을 줄 수 있을 것이고 어떠한 외부적 요인의 공격도 받아낼 수 있는 방어력을 증가시킬 수 있을 것이다.

한의학에서도 비슷한 이론이 있다. 족양명위경(足陽明胃經)과 수양명대장경(手陽明大腸經)을 합쳐 양명경(陽明經)이라고 하는데 쉽게 말해 몸과 마음에 가장 밝은 빛을 주는 장부가 소화기인 위와 장이라는 뜻이다. 이 이론에 의하면 장에 변이 차면 뇌에도 이상이 올 수가 있다고 한다. 결국 먹는 음식물에 의하여 장의 미생물총이 결정되고 이것이 뇌의 빛(의식)을 결정한다고 본 한의학의 섭리가 현대의 의학과 일치함을 알 수 있다.

전혀 관련성이 없을 것 같았던 장 속 건강과 두뇌의 상관관계를 입증하는 여러 연구가 지금도 계속 나오고 있고 질문사항인 우울증, ADHD, 공황장애 모두 대부분 장내 유익균의 영향이 큰 것으로 종합

해볼 수 있는 만큼 채식을 통해 건강한 장내 환경을 조성해 정신 건강을 지킬 수 있는 면역을 길러야 한다.

Question

임신기간에 채식해도 되나?

Answer

임신기간은 어쩌면 아이의 평생을 좌우할 건강의 초석을 다지는 기간이기 때문에 그만큼 어떤 음식을 섭취해서 어떤 양질의 영양분을 태아에게 공급해 줄지는 너무나 중요한 문제다. 그래서 채식을 해도 되느냐? 핵심부터 말하자면 해도 된다. 단. 아주 잘 짜인 균형 잡힌 채식 식단을 섭취해야 한다. 실제로 미국 영양학 협회에서도 잘 짜인 식단 계획은 남녀노소 할 것 없고 임신, 수유기에도 모두에게 건강을 선사할 수 있을 것이라는 보고서를 발표했다. 임신 중 채식의 장점은 우선 산모와 태아의 질병에 걸릴 확률을 확 낮춘다는 것이다. 채식은 산모의 산후 우울증이나 임신 당뇨 등 임신으로 인한 각종 합병증을 줄일 수 있다. 또한 한 연구 결과에서는 산모의 임신기간 식습관이 아이의 특정 중독에 걸릴 확률이나 비만이 될 수 있는 확률을 결정한다고 하는데 고지방, 높은 당 위주의 식사를 했을 경우 아이가 충동 조절이 어렵거나 알코올과 약물 중독에 걸릴 확률이 5배나 증가했다고 한다. 산모가 섭취하는 음식의 영양분과 정보는 탯줄로 전달되기 때문에 산모가 임신 중 편식하지 않고 좋은 음식들을 섭취해야 태어날 아이도 건강한 식습관을 가질 수 있고 자라는 동안에는 물론이고 성인이 되어서도 건강할 수 있다.

그렇다면 임신기간에 결핍되기 쉬운 영양소이자 신경 써서 섭취해야 하는 영양소는 무엇이 있을까? 완전 채식은 섭취할 수 있는 식품의 폭이 좁은 만큼 결핍되기 쉬운 영양소의 빈칸들을 잘 메꿔야 한다. 그래야 아이가 부족함 없이 잘 자랄 수 있으니 말이다. 첫번째는 콜린이다. 비타민 B군에 속하며 태아의 두뇌를 발달시키는 데 중요한 역할을 하는 영양소인 콜린은 브로콜리나 양배추, 콩, 가지, 보리, 땅콩, 깨, 호두 등 많은 식물성 식품에도 함유되어있다.

두번째로는 콜린과 마찬가지로 아이의 두뇌 발달에 영향을 주는 오메가3다. 오메가3는 치아시드, 햄프시드, 들깨를 통해 섭취할 수 있는데, 식물성 오메가3는 생선에서 추출한 오메가3에 비해 중금속과 각종 해양 오염으로 인한 위험이 없어 오히려 더 안전하다.

세 번째는 철분이다. 철분은 혈액을 구성하는 성분으로 태아가 산모의 배 속에서 자랄수록 그만큼 요구되는 혈액의 양도 증가하게 된다. 이

때 적절하게 철분 섭취를 해주지 못하면 아이의 성장은 물론이고 산모의 건강에도 악영향을 미치게 된다. 채식을 통해 철분을 섭취하려면 콩, 미역과 같은 해조류, 시금치 등을 섭취하면 된다. 하지만 빈혈 증상이 있는 산모라면 꼭 철분제를 같이 섭취해줘야 한다. 음식을 통한 철분 흡수율은 육류나 채소류 둘 다 빈혈 환자에게 요구되는 양에 미치지 못하기 때문이다.

네 번째는 칼슘이다. 칼슘은 산모와 태아 모두에게 필수적이지만 산모에게 조금 더 중요한 영양분이다. 산모가 충분한 칼슘을 섭취하지 않으면 태아는 이를 보충하기 위해 산모의 뼈에서 칼슘을 가져가기 때문에 태아에게는 큰 문제가 되지 않지만, 이렇게 되면 산모의 골밀도에 문제가 생기거나 나중에는 골다공증 같은 뼈 질환을 앓을 확률이 높아진다. 칼슘 함량이 높은 채소로는 브로콜리, 토마토, 시금치, 케일, 콜라비, 말린 무 등이 있으므로 적절한 섭취를 통해 산모의 뼈 건강을 지킬 수 있도록 해야 한다.

채식을 오랫동안 꾸준히 해왔던 산모라면 임신기간에도 평소에 해오던 그대로 균형 잡힌 식사, 혹은 결핍될 수 있는 요소들은 영양제로 보충하기 등으로 잘 넘길 수 있겠지만 채식을 시작한 지 얼마 되지 않아 정보를 모두 체화하지 못한 새싹 비건들은 꼭 담당 의사와 충분한 논의를 거친 후 채식을 해야 한다는 점을 명심하자.

비건과 임신

Question

분만을 하면 철분이 부족해져 빈혈이 생기기 쉬운데 영양이 부족하진 않나? (feat. 미역)

Answer

분만을 하고 난 뒤에는 산모의 몸 상태에 조금 더 주의해야 한다. 출산 과정 중에는 많은 양의 출혈이 발생하기 때문에 빈혈이 쉽게 올 수 있기 때문이다. 다만 우리는 전통적으로 이미 출산 후 획기적으로 산모의 혈액생성에 도움이 될 수 있는 음식을 알고 있다. 채식주의자가 아니더라도 평소에도 먹고 있으며 생일에도 출산을 기념하고자 먹고 있다. 바로 미역국이다. 미역은 철분뿐만 아니라 칼슘, 요오드도 풍부해 산모에게서 결핍될 수 있는 영양소들을 아주 건강하게 공급시켜줄 수 있는 자연의 선물이다.

다만 주의할 점은 무엇이든 지나치면 좋지 않다는 것이다. 미역국을 너무 많이 먹으면 요오드를 과하게 섭취할 수도 있기에 출산 후 미역국을 하루에 한 그릇 이상 먹지는 않도록 권고할 정도로 미역에는 풍부한 영양소들이 들어있다. 미역 이외에 빈혈에 좋은 음식 재료로는 비트, 토마토, 당근, 시금치, 깻잎, 브로콜리, 아욱, 취나물, 목이버섯, 참깨, 콩, 견과류, 해조류 등이 있으므로 골고루 먹을 수 있도록 식단을 고민해보면 어떨까? 다만 미역을 섭취해도 빈혈이 나아지지 않는다면 다른 원인이 있을 수 있으므로 담당 의사와 상의해야 한다. 또한 분만 후에도 당연하지만 균형잡힌 식단은 매우 중요하다는 것을 기억하자.

비건과 임신

Question

모유 수유 중 영양이 부족하지 않을까?

Answer

영양 균형을 맞춘 식단을 꾸린다면 채식은 임신기간 외에도 출산 후 모유 수유 기간에도 문제없이 아이에게 영양분을 공급할 수 있다. 뱃속에서는 탯줄을 통해 영양을 공급받았다면 세상에 나온 뒤엔 모유를 통해 영양분을 공급받는다는 차이만 있을 뿐이다. 모유 수유 중에도 산모가 채소를 섭취하게 되면 모유에 산모가 섭취한 음식의 정보가 들어가게 되고 이 정보가 아이에게 그대로 전달된다. 그래서 채소를 자주 섭취한 산모에게서 태어난 아이들은 자라면서 채소의 쓴맛 등을 생소해하지 않고 자연스럽고 익숙하게 받아들일 수 있게 된다. 아이가 자라면서 더 건강하고 깨끗한 음식을 편식하지 않고 먹을 수 있게 교육하는 효과도 있으므로 장기적으로도 아이의 미래에 도움이 된다.

어떤 음식을 섭취하는지도 중요하지만, 모유의 영양 균형에 영향을 미칠 다른 요소들 특히 심리적인 요인은 없을지 살펴보는 것도 중요하다. 음식보다 더 주의해야 할 것은 좋지 못한 주변 환경이나 산모의 스트레스다. 주변 환경이 너무 나쁘거나 산모가 스트레스를 받으면 모유의 질도 나빠질 뿐만 아니라 양도 줄어들어 아이에게 충분한 영양분을 공급해 줄 수 없게 된다. 모유 수유가 잘되지 않는 심리적 이유를 알고 출산과 아이를 하늘이 주신 축복으로 감사히 받아들이고 사랑으로 아이를 바라보면 모유 수유도 좋아진다.

그런데도 어려움이 있다면 모유 촉진에 도움이 되는 음식들을 신경 써서 섭취해보는 것도 방법일 것이다. 출산 후 흔히 먹는 미역국도 좋고 오곡으로 만든 미음, 마, 대추, 당귀차, 사물탕 등이 도움을 줄 수 있으므로 식단에 신경을 써보자. 혹여나 출산 이후 부득이한 어려움으로 균형 잡힌 음식 섭취가 어렵다면 비건 천연 영양제를 먹어주도록 하자. 어디까지나 산모와 아이의 건강이 제일 우선이라는 점을 잊지 말자.

비건과 어린이

Question

어린아이와 청소년이 채식하면 두뇌 발달에 문제가 생기지는 않나?

Answer

동물성 음식을 먹지 않으면 아이들의 두뇌 발달에 좋지 못하다고 생각하는 사람들이 대부분이다. 채식을 하는 몇몇 사람들도 이 부분은 확신하지 못하고 의심하기도 한다. 하지만 채식만으로도 충분히 아이들의 두뇌 발달에 좋은 영향을 줄 수 있다. 성장에 필수적인 요소인 탄수화물, 단백질, 지방, 비타민 등 이러한 영양소들은 잘 짜인 채식을 통해서도 충분히 섭취할 수 있고 오히려 동물성 식품과 각종 공장에서 만들어진 가공식품, 인스턴트식품을 먹고 자라는 아이들의 두뇌 성장을 걱정해야 한다. 특히 가공된 육류를 다량으로 섭취하면 전두엽의 성장을 방해받게 되고 자라나면서 여러 기능장애를 가져올 수 있다. 오히려 채식보다는 육류 소비에 대한 의심을 해봐야 하는 것이 옳다. 이뿐만이 아니다. 공장식 축산으로 키워지는 닭, 돼지, 소들 그리고 이들을 빠르게 기르기 위해 온갖 항생제와 성장 촉진 호르몬제, 백신들을 투여하게 되고 이렇게 투여되는 동물 약품들의 안전성 논란은 지금도 계속되고 있다. 이런 육류들이야말로 아이들의 성장에 해가 될 수 있는 것은 의심할 여지가 없다.

아이들의 성장기에 채식해야 하는 또 다른 중요한 이유는 앞서 여러 번 언급했던 뇌와 장내 유익균 조성의 연관성에 관한 것이다. 이 연관성은 성인에게만 국한된 것이 아니고 오히려 아직 유해균이 증식할 기회가 적고 성장하는 아이들에게 더 좋은 효과를 볼 수 있다. 즉 아이들이 자연의 빛과 에너지를 충분히 받은 채소를 먹으면 대장의 유익균이 활성화된다. 이는 뇌장상관관계에 의해 아이들의 뇌신경을 발달시켜 성격을 좋게하고 두뇌를 발달시켜주는 역할을 하는 것이다.

그렇다면 뇌 성장에 도움을 줄 수 있는 채소는 어떤 것이 있을까. 먼저 호두나 아몬드 같은 견과류는 가장 잘 알려진 두뇌에 도움이 되는 식물성 식품이다. 생김새도 두뇌와 비슷하게 생긴 이 호두는 그 효능도 두뇌에 상당한 도움이 된다. 뇌 신경세포를 구성하는 물질인 만큼 두뇌 성장과 건강에 필수적인 물질로 알려진 불포화지방산이 풍부하게 들어있고 혈중 콜레스테롤 수치를 낮추는 데 도움이 된다. 이외에도 호두는 비타민 B가 풍부해 인지능력과 기억력 향상에도 도움을 줄 수 있다. 아몬드는 기타 견과류들과 비교했을 때 압도적으로 비타민 E가 풍부하다.

아몬드껍질 속에는 항산화 물질인 플라보노이드가 함유되어있기 때문에 꼭 껍질과 함께 섭취해 항산화 효과를 높이는 것이 좋다.

두 번째로 가지, 포도, 적양배추, 블루베리 등 적색이나 보라색을 가진 채소들은 항산화 성분인 안토시아닌이 풍부해 기억력 향상에도 도움을 줄 수 있고 여러 뇌 신경계의 기능을 개선하는 데 도움 줄 수 있다. 블루베리에는 아몬드껍질에 들어있는 항산화 성분인 플라보노이드가 함유되어있어 뇌 신경세포의 활발한 활동을 도와줘 기억력 향상과 뇌 신경세포의 건강에 도움을 줄 수 있다.

세 번째는 녹황색 채소다. 대표적 녹황색 채소로는 시금치, 브로콜리, 양배추, 깻잎, 피망, 당근, 호박 등이 있다. 녹황색 채소는 비타민 A, C가 풍부할 뿐만 아니라 적색 채소와 마찬가지로 항산화 효과를 가지고 있다. 따라서 뇌혈관을 깨끗하게 해 자라는 아이들의 두뇌 성장에 도움을 준다.

어릴 때부터 채식보다 육류 섭취 위주의 식습관을 가져왔다면 자극적이고 혀가 즐거운 맛에 익숙해진 아이들은 생소하고 쓴맛이 나는 채소보니는 이런 동물성 식품을 찾을 수밖에 없어 자연스럽게 편식하는 식습관을 가지게 된다. 그렇기에 성인보다 더 까다롭고 어려운 것이 아이들의 채식인 만큼 부모가 깊은 관심을 가지고 아이들의 식단을 구성해줘야 아이들의 건강을 지킬 수 있다.

비건과 반려동물

Question

개나 고양이 같은 반려동물의 경우 함께 채식을 할 수 있는 방법에는 무엇이 있고 주의할 점에는 무엇이 있을까?

Answer

반려동물의 채식은 신중하게 고려해야 한다. 반려동물들의 종에 따라서 식물성 식품으로부터 충족할 수 있는 필수 아미노산이나 각종 영양성분이 모두 다르기 때문이다. 우리에게 친숙한 만큼 다른 동물에 비해 많은 연구가 진행되고 있는 강아지와 고양이를 기준으로 이야기해 보도록 하겠다.

강아지가 스스로 생성해 낼 수 있는 필수 아미노산은 총 23개 중 13개 정도 되고 10개는 스스로 합성할 수 없어서 꼭 외부에서 섭취를 해야 한다. 물론 채식을 통해서 이 10개의 필수 아미노산을 섭취할 수 있으므로 사람처럼 식단을 아주 잘 짜주기만 한다면 채식이 가능한 건 맞다. 실제로 강아지는 잡식동물로 분류되는 만큼 이것저것 잘 먹는다. 배추를 줘도 잘 먹고 당근이나 사과를 줘도 잘 먹는다. 만약 완전 채식으로 음식을 급여해주기 어렵다면 요즘에는 강아지를 위한 비건 사료들도 출시되고 있으니 여건이 되는 만큼 채식을 함께하면 된다.

다만 강아지에게 채식 급여를 했을 때 털의 모질이 푸석푸석해지고 윤기가 나지 않으면 채식이 강아지에게 좋지 못하다는 징후이므로 채식 급여는 중단하는 것이 좋다. 강아지들이 임신했을 때는 채식 급여를 더 신중하게 선택해야 한다. 단백질이 꼭 필요하므로 비건 사료의 단백질 함유량을 잘 살펴보고 급여시켜야 한다.

육식동물인 고양이의 채식은 어렵다고 인식됐는데, 최근 연구 결과에 따르면 비건 식단을 하는 고양이가 필수 영양소를 제대로 섭취하면 육식 고양이만큼 오래 살 수 있다고 한다. 반려묘도 함께 채식하고 싶다면 관련 정보를 잘 수집해 적절히 균형 잡힌 비건 사료를 사용하는 것도 고민해볼 만하겠다.

비건과 환자

Question

만성질환이 있는 경우에도 채식을 할 수 있을까?

Answer

만성질환이 있을수록 더더욱 채식해야 한다. 채식의 장점은 무궁무진하다. 섬유소도 풍부해 혈당 상승도 방지할 수 있고, 항산화 성분도 다량 함유되어있어 당뇨나 항암효과에도 탁월하며 암 예방까지 할 수 있다. 포화지방 대신 불포화지방산 위주의 섭취로 콜레스테롤 수치도 낮출 수 있어 심혈관 질환의 치료와 예방에도 탁월하다. 이렇게 좋은 채식을 안 할 이유가 있을까?

채식이 만성질환 환자에게 적합하다는 증거는 병원에 가도 단적으로 알 수 있다. 만성질환 때문에 병원을 방문하게 되면 의학적인 처방과 더불어 기름진 육류를 멀리하고 곡류와 더불어 채소와 과일, 견과류를 섭취하는 식습관을 권고받는다. 균형 있는 식습관을 가지라고는 하지만 채소를 더 많이 먹을 것을 권장하는 것은 사실이다.

1970년대 미국의 영양문제 특별위원회는 맥거핀 리포트를 통해 "인류가 현재 식습관을 바꾸지 않으면 멸종할 것"이라고 경고했으며, 2010년 WHO에서는 한국의 만성질환 원인으로 잘못된 식습관을 첫 번째로 꼽았다. 그만큼 질병을 앓는 것은 우리가 무엇을 먹고 있는지와 밀접하게 관련되어있다. 그런데도 현재 우리의 식탁은 개선되기는커녕 오히려 육류와 가공식품에 점령당해있다. 채식하고자 하는 만성질환 환자라면 채식이 혹시 기력을 쇠하게 하는 것 아닐까 하는 의심을 버리고 채식을 통해 건강해질 수 있다고 마음을 먹어야 한다. 그것이 만성질환 환자들이 건강해지는 길이다.

조금 더 구체적으로 어떻게 식사 구성을 하면 도움이 되는지 알아보자. 첫째, 밥을 할 때 현미에 잡곡과 콩을 넣어 먹는다. 둘째, 단백질과 지방은 콩, 두부, 견과류, 씨앗류, 참기름, 들기름, 발효 양념(한식 간장, 된장, 청국장)으로 보충한다. 셋째, 잎채소, 열매채소, 뿌리채소를 잘 배합하여 조리한다. 넷째, 조리 방법은 무침, 데침, 찜 등을 주로 사용하고 튀김과 볶음은 가끔만 먹는다. 다섯째, 제철에 나는 노지재배 채소나 유기농 채소와 과일을 섭취하도록 하고 정제 가공식품, 육식, 과식, 불규칙한 폭식은 피한다. 여섯째, 다시마, 표고버섯, 무, 약초, 자투리 채소를 생수와 같이 끓인 뒤 냉장 보관하여 각종 국, 찌개의 국물로 사용한다. 특히 환자의 경우는 체질과 증상에 맞는 채식약선채수로 조절한다. 일곱째, 표고버섯, 잣, 호두, 땅콩, 콩, 들깨, 다시마, 생강, 허브 등을 건조하여 분말로 만든 뒤 천연양념으로 사용한다.

이 외에 건강하게 음식을 먹는 방법도 알아두면 좋겠다. 활동 후 음식을 먹기 전에 간장이나 된장 등으로 간기를 조금 섭취하면 위액을 분비해 체기 없이 소화가 잘되게 한다. 싱겁게 먹는 게 좋다고 오해하는 경우가 많은데, 위액은 염분의 적절한 섭취로 분비되므로 너무 싱겁게 먹는 것도 짜게 먹는 것도 좋지 않다. 특히나 한국인의 식습관을 살펴보면 곡식과 채식 위주의 식단이 주이기 때문에 적절한 염분을 섭취해야 채소의 냉기를 완화할 수 있고 소화를 잘 시킬 수 있으며 인체의 염증을 예방하고 적절한 삼투압을 유지할 수 있다. 또한 냉성소화불량인 사람은 비염과 알레르기가 있는 경우가 많은데 이럴 때도 따뜻하고 간기 있는 음식으로 식사하는 것이 도움이 된다.

건강에 도움이 되는 또 다른 방법은 가스를 방지하기 위해 식사 중에는 국물이나 물 등 수분의 섭취는 조금으로 하고 찬 과일은 제한하는 것이다. 그러나 식사 후의 쓴맛의 숭늉은 체기 없이 소화를 돕고 영양의 흡수도 좋게 하므로 식사 중과 전에만 수분 섭취를 조심하는 것이 좋다. 또한 과식은 소화효소의 장애를 유발하기 때문에 간단식이 좋다. 그래서 수술한 환자나 심한 소화불량인 사람의 경우 현미크림이나 흰죽으로 간단하게 식사하는 것이 좋다. 이 외에 지나친 단맛은 신장, 치아, 뇌를 손상시키므로 조금만 섭취하도록 조절할 필요가 있다. 이러한 음식 자체의 섭취 방법 이외에도 우리가 상식적으로 알고 있는 소화를 위해 음식을 먹을 때는 충분한 저작 활동을 하는 것과 식사 후 가볍게 걸어주는 좋은 방법들이 있다. 그러나 이러한 여러 가지 방법보다 가장 중요한 것은 심리적인 것으로 감사한 마음으로 즐거운 식사를 하는 것이다.

비건과 환자

Question

아토피가 있는 경우?

Answer

아토피는 유전이나 환경 등 복합적인 이유로 발병하게 되는데 아토피를 가진 사람들의 절반 이상이 주로 특정 알레르기를 가지고 있는 경우가 많다. 주된 증상이 피부 간지러움이라 아토피를 피부질환으로 생각할 수 있는데, 아토피는 비단 피부질환에 국한되는 것이 아니고 알레르기 비염이나 알레르기 결막염 등을 일으켜 다른 부위에도 영향을 미치는 면역질환으로 보아야 한다. 따라서 원인 인자를 특정 지어서 제거해내지 않으면 면역반응으로 인해 계속해서 증상에 시달려야 하고 일상생활이 불편해진다.

어릴수록 음식에 대한 알레르기 반응으로 아토피 증상이 심해지는 경우가 많다. 독한 피부과 약을 쓰지 않고 아토피를 호전시킬 수 있는 가장 좋은 방법은 조기에 아토피를 일으키는 원인 인자를 제거해주고 꾸준한 관리를 해주는 것이다. 조기에 관리해주지 못하고 성인이 될 때까지 증상을 개선하지 못하면 만성질환으로 이어지기 쉽다. 모유에는 이런 아토피 피부염을 예방할 수 있는 면역력을 길러주는 성분이 많이 들어있기 때문에 아이가 아토피 증상을 보인다면 분유보다는 모유를 먹여야 한다. 모유를 통해 아이에게 영양성분이 공급되는 만큼 엄마도 채식 위주의 건강한 식단을 섭취하도록 해야 한다. 특히 임신 중인 경우는 조금 더 신경을 써야 한다. 엄마가 먹는 음식은 태아의 세포를 이루고 양수는 태아의 수영장과 같으므로 조심을 해야 좋지 못한 성분이 아이에게 전달되지 않는다.

자신이 어떤 식품 알레르기를 가졌는지 먼저 검사받는 것도 중요하다. 유제품이나 달걀 같은 동물성 식품에 알레르기를 가지고 있다면 채식을 할 수밖에 없는 타고난 체질이라고 생각하고 식습관을 개선하면 되지만, 채소 중에서도 알레르기를 유발할 수 있는 식품들이 있으므로 식품 알레르기 검사를 통해 피해야 하는 식품을 먼저 알고 난 뒤 생활습관과 식습관을 개선하는 것이 옳다. 아무래도 동물성 식품을 섭취하지 않다 보니 채택할 수 있는 식품의 폭이 좁아지고 복숭아나 땅콩처럼 채식할 때 먹으면 도움이 되지만 자신에게 맞지 않은 것들도 있을 수 있으므로 무턱대고 채식을 하는 것은 추천하지 않는다. 자신에게 무엇이 독이 되는지 파악하는 과정을 모두 마친 뒤에 건강한 채식을 시작하자.

장내 미생물 이야기는 이쯤 되면 거의 만병통치의 근원이라고도 할 수 있을 것 같지만 실제로 사실이다. 장이 건강하지 않으면 장 속에서 소화되며 생기는 독소가 장 밖으로 노출된다. 특히 아토피는 피부질환인 만큼 환자들이 식품을 가려먹는 이유가 장내 미생물 환경과도 더더욱 관련이 있는 것이다. 정제된 밀가루나 튀긴 음식 등 서구화된 식습관에 노출될수록 아토피가 심해지고 이럴수록 장내 유익균의 분포가 확연하게 줄어든다는 것은 이미 많은 의사도 증언하고 있는 만큼 채식을 통해 건강한 장내 환경을 조성해야 한다.

아토피에 도움이 되는 음식과 치료 방법을 소개하면 음식으로는 녹두죽, 검은콩을 넣은 밥, 검은콩조림, 미나리로 만든 반찬, 국화차, 감초차, 녹즙이 있고 단식도 도움이 된다. 그리고 치료 요법으로 황토를 맨발로 걷거나 명상하기를 추천한다.

성인이 될 때까지 아토피로 고생했던 많은 사람이 식습관을 채식으로 바꿨더니 병원에 다녀도 낫지 않던 각종 면역 이상 반응들이 개선되었다고 간증하는 사례가 넘쳐나고 있는 만큼 아토피로 고통받고 있다면 채식을 시작해보자. 그러면 간지럽고 고통스러웠던 증상에서 해방될 수 있을 것이다.

비건과 환자

Question

고혈압이 있는 경우?

Answer

고혈압은 유전적인 요인을 제외하고는 기름지고 짜게 먹는 식습관을 가졌거나 운동을 하지 않으면서 술, 담배를 즐겨하고 스트레스에 시달리는 생활을 오래 하면 걸리기 쉽다. 약을 먹고 있더라도 이 고혈압 약이 질병을 완치시켜주지는 못하고 근본적인 생활 습관과 식습관을 개선해야만 혈압을 조절할 수 있고 건강을 되찾을 수 있다. 그래서 약을 먹더라도 짜게 먹지 않고 포화지방이 적고 콜레스테롤 수치가 낮은 식단을 권고받는다. 결국 채식을 해야 한다는 소리다. 그렇다면 주로 어떤 채소를 섭취해주면 고혈압을 치료하는 데 도움이 될까.

비트는 붉은색을 가진 뿌리채소로 항산화 작용과 세포보호에 도움을 준다. 주로 베타인과 질산염이 풍부해 혈전이 뭉치는 것을 막아주고 좁아진 혈관을 정상적으로 넓혀주는 효과가 있어 고혈압에 탁월한 효능을 보이는 식품이다. 다만 비트에 들어있는 각종 영양소는 열에 취약하므로 가열해서 먹는 것보단 저온에서 추출한 즙으로 섭취하거나 생으로 섭취하는 것이 좋다.

견과류도 고혈압에 좋은 식품이다. 혈관을 이완시켜주는 마그네슘도 풍부하고 단백질, 식이섬유도 풍부하다. 특히 호두에는 불포화지방산인 오메가3가 풍부해 혈행 개선과 심장질환 위험률도 낮출 수 있다. 아몬드도 마찬가지다. 한 연구 결과에 따르면 아몬드를 꾸준히 섭취했을 경우 신체에 알파 토코페롤 수치가 높아져 혈압을 낮추는 효과를 보였다고 한다. 이외에도 아몬드에는 비타민 E뿐만 아니라 플라보노이드, 비타민, 미네랄이 풍부해 슈퍼 푸드라고 불릴 만큼 건강에 도움을 준다. 다만 불포화지방산이라고는 해도 지방이기 때문에 많이 섭취하면 오히려 역효과를 낼 수 있으니 하루 섭취량은 50mg 정도로 하는 것이 좋다.

탄수화물의 경우에는 백미 같은 정제된 탄수화물보다 통곡물이나 잡곡밥을 섭취하면 빠른 혈당 상승도 막을 수 있고 식이섬유를 섭취할 수 있어 혈압을 효과적으로 낮출 수 있다. 이 외에 고혈압에 도움 되는 음식으로는 보리, 율무, 오이, 연근, 미나리, 당근, 우엉, 양배추, 치자, 모과차, 국화차, 결명자차, 솔잎차, 뽕잎차 등이 있으므로 적절히 섭취하면 도움을 받을 수 있다.

고혈압은 합병증을 일으킬 수 있는 질병인 만큼 다른 질병을 유발하기 전에 빠르게 혈압을 정상화해야 한다. 한 연구 결과에 따르면 유산소 운동은 고혈압약 1알을 먹는 효과를 볼 수 있다고 밝힌 만큼 식습관과 더불어 유산소 운동을 병행하면 큰 시너지 효과를 낼 수 있다. 건강한 식습관과 운동을 통해 혈압을 정상 수치로 유지하도록 하자.

비건과 환자

Question

당뇨가 있는 경우

Answer

당뇨의 원인이 이름처럼 당 때문이라고 생각하기 쉽지만 사실 그렇지 않다. 세포에 축적된 지방이 혈관 속에 떠도는 당 흡수를 방해하기 때문에 가장 원인이 되는 것은 체내 세포들에 축적되는 지방에 있다. 실제로 여러 연구 결과에서도 당뇨병이 심혈관 질환과 연관성이 있다는 사실을 입증해 내고 있다. 결국 당뇨병도 고혈압과 같이 혈관을 깨끗하게 해야 근본적으로 건강해질 수 있다는 이야기다.

의사들은 당뇨환자들에게 탄수화물을 적게 섭취하라고 이야기한다. 그럼 당뇨환자가 채식하려면 탄수화물 섭취를 아예 못하는 것인가? 그렇진 않다. 정제된 탄수화물과 전분은 체내에 흡수될 때 섬유질이 적어

대부분 포도당으로 전환되기 때문에 혈당을 급격히 상승시켜 당연히 당뇨에 좋지 못하다. 하지만 통밀이나 귀리, 현미 같은 잡곡들처럼 정제되지 않은 자연 그대로의 탄수화물들을 섭취한다면 겉껍질에 풍부한 식이섬유로 인해 혈당 상승을 막을 수 있다. 대부분 탄수화물을 무서워하는 이유가 이런 비정제 탄수화물이 아닌 정제된 탄수화물을 먹기 때문이다. 안전한 탄수화물의 섭취를 위해 당질 저감 밥솥을 사용하는 것도 건강한 식탁을 꾸리는 데 큰 도움을 줄 수 있다는 점 참고하자.

충분한 단백질 섭취도 중요하다. 우리 몸속에 들어온 당은 대부분이 근육에 저장되기 때문에 근력이 줄어들거나 단백질 보충이 충분하지 못하면 근육들이 제 기능을 하지 못하므로 당 수치가 상승하게 되는 것이다. 그래서 중성지방이 가득한 뱃살을 가지고 있으며 도리어 허벅지는 얇은 체형이 당뇨에 걸리기 딱 좋은 체형이다. 따라서 콩이나 콩으로 만들어진 두유, 두부 같은 식품들을 섭취해 단백질이 부족하지 않도록 해야 한다.

과일은 당 수치가 상당히 높아서 섭취를 최대한 지양하고 아주 가끔 제한된 소량의 과일만 섭취해 혈당이 올라가지 않도록 주의해야 한다. 과일이 너무 먹고 싶다면 식후 최소 3시간 이후부터 과일을 섭취하는 것이 좋고 주로 혈당수치를 급격히 상승시키지 않는 블루베리나 자몽, 사과, 체리 등을 섭취하면 좋다.

모든 질병이 그러하듯 당뇨도 운동을 꼭 해야 하는 질병이니 채식과 함께 매일 꾸준히 30분 정도 가벼운 산책이나 자전거 타기 등 유산소 운동을 병행해 당뇨 합병증이 내 몸에 얼씬도 못하게 몸을 건강하게 만들어보자.

비건과 환자

Question

암을 앓고 있는 경우

Answer

유전의 요인도 있지만, 암을 유발하는 원인 대부분은 후천적 요소에서 비롯된다. 폐암 같은 경우는 흡연이나 간접흡연이 가장 크고 그 외에는 술, 비만 같은 식습관과 관련 있다. 앞서 이야기했던 당뇨가 암의 원인이 되는 이유도 암 조직이 몸속에서 증식하려면 다량의 포도당이 있어야 하는데 잘못된 식습관으로 혈당이 상승하게 되면 암에 주는 영양분이 넘쳐나는 것과 마찬가지고 결국 암의 성장을 촉진하게 된다.

원래 인체에 필요한 단백질은 골프공 크기만 한 정도로 대략 40g 정도면 충분하다. 안타깝게도 육류를 좋아하고 자주 먹는 사람들은 그렇게 적당량 육류를 섭취하지 않는다. 게다가 이를 섭취하는 방법도 문제다. 고기를 조리하고 다른 가공식품으로 제조할 때 고기에 함유되어있는 단백질과 철분이 발암물질을 만들어낸다. 한 연구 결과에서도 하루에 약 100g 이상 고기를 섭취하면 대장암에 걸릴 확률이 17% 증가하고 가공육일 경우엔 약 18%까지 증가한다고 밝혔다. 이렇게 다량의 발암물질을 몸속에 공급해주는데 암에 걸리지 않는 게 이상하지 않은가. 정말 탁월한 유전자를 물려받지 않는 한 육류 섭취가 많을수록 암과의 조우는 필연적일 수밖에 없다. 단적인 예로 과거 대한민국에는 유방암이나 대장암을 앓는 환자들이 많지 않았다. 그러다 각종 가공육류 식품, 고지방식 위주로 섭취하는 서구식 식습관이 증가하면서부터 대장암과 유방암 환자도 비례하게 증가했고 지금도 늘어나고 있다.

결국 무엇을 섭취하느냐는 암에 걸릴 확률을 좌우하게 된다. 반면 채식주의자이거나 평소 채소를 많이 먹는다고 암이나 병에 걸렸다는 소리를 접한 적이 있는가? 건강한 모습을 유지하고 있는 경우가 대부분일 것이다. 실제로 채식주의자는 암에 걸릴 확률이 육식했을 때보다 현저히 낮고 특히 대장암에 걸릴 확률이 낮다는 연구 결과도 존재한다.

암 환자뿐만 아니라 우리가 평소에 육식보다 채식을 더 많이 해야 하는 이유는 모든 채소에는 저마다 가지고 있는 항산화 성분이 풍부하기 때문이다. 간단히 예를 들면 시금치에는 베타글루칸과 엽산이, 버섯에는 베타글루칸과 렌티난이 풍부하고, 사과와 양파에는 퀘르세틴이 풍부하다. 활성산소 배출을 도와주는 리코펜이 풍부한 토마토, 알리신이 풍부해 항균 항암효과를 가진 마늘 등이 있다. 특히 식이섬유가 풍부해 위와 장을 깨끗하게 해주는 밀싹은 주성분이 엽록소로 구성되어있는데, 엽록소는 푸른 혈액이라고 할 만큼 우리 몸에 들어갔을 때 활성산소로 손상된 혈액 속 세포를 회복시키고 독소를 제거해 세포가 암세포로 변이되지 않도록 해독 작용을 한다. 한 연구 결과에 따르면 엽록소(클로로필)는 아플라톡신이라는 발암 성분이 몸속에 흡수되지 못하도록 방해해 간암 발생 확률을 확 줄여주고 대장암 발병을 억제하는 효과를 가지고 있다고 한다. 밀싹 이외에도 엽록소가 풍부한 식품엔 미역, 다시마 같은 해조류나 새싹채소 등이 있다.

다만 수술 후 회복 기간이 필요한 암 환자는 평소보다 많은 영양이 필요하므로 전문한의사와 상의 후 증상에 맞는 한약 섭취로 몸의 빠른 회복을 도울 수 있도록 하는 것도 도움이 될 수 있다. 이후에 차츰 회복기를 가지면서 암이 재발하지 않도록 생활 습관과 식습관을 관리해야 한다.

좋은 생활 습관의 예로는 등산이 있다. 산소에 의해 암세포가 약화하므로 호흡을 하며 산을 걷는데, 이때 가진 감정의 응어리들과 고민을 내려놓고 참회와 감사의 마음으로 운동을 하면 더욱 효과가 좋다. 신의 빛과 하나가 되는 명상도 좋은 생활 습관 중의 하나이다. 무엇보다 평소에 밝은 마음과 열정적인 삶의 자세를 갖는 것이 필요하다.

식습관으로는 위에 언급한 자연의 빛인 식물을 중심으로 하는 채식 이외에 소식과 단식도 좋다. 구체적으로 도움이 되는 음식으로는 녹두, 검은콩, 감초, 미나리, 죽염 등이 있으므로 적절한 섭취를 하는 것도 좋겠다. 암 환자의 경우 입맛이 떨어지면 안 되므로 소화 상태를 꼭 점검해서 컨디션을 확인하며 일상생활을 조절하는 것도 중요하다. 그러나 절대 항암치료를 아예 미뤄두고 채식으로만 암을 이겨내겠다고 하는 것은 금물이다. 암을 예방하는 것과 이미 몸속에 암이 있는 상태는 다르므로 의사와 상담을 통해 자신이 가진 암 종류에 따라 적절한 식이요법을 병행하는 개념으로 이해하는 것이 옳다.

Question

치매

Answer

치매는 완치될 확률이 10~15% 정도로 지금까지는 낮은 치료 확률을 가지고 있다. 그렇기에 걸리지 않게 예방하는 것이 어떤 질병보다 더 중요한 질환 중 하나다. 물론 적은 확률이지만 조기에 발견할수록 완치될 가능성이 커지므로 주기적인 건강검진과 꾸준한 관심이 필요하다.

무엇보다 예방이 중요한 치매. 주로 라면이나 튀김, 패스트푸드, 각종 배달 음식 등 정크 푸드라고도 불리는 초가공 식품을 즐겨 먹으면 치매와 알츠하이머병에 걸릴 확률이 높아진다. 또 이런 식품들을 자주 섭취하면 두뇌에서 학습과 기억을 담당하는 대뇌의 측두엽 해마 크기가 정상적인 두뇌보다 작다는 연구 결과도 있다. 특히 혈관성 치매는 고혈압, 뇌졸중, 뇌종양, 당뇨의 합병증으로 걸리기 때문에 채식을 통해 식습관을 개선해 기존에 가지고 있는 만성질환을 집중적으로 관리해주는 것이 중요하다. 치매에 특히 도움이 되는 음식으로는 솔잎, 오자차(구기자 오미자 복분자 토사자 차전자), 검은콩, 견과류와 종실류(잣 호두 아몬드 깨 등), 모든 해초류, 녹즙, 당귀차, 석류, 블루베리 등이 있다.

이외에도 먹는 음식과 두뇌 건강의 상관관계는 앞서 줄기차게 이야기했듯 장내 미생물 균형이 어떻게 조성되어 있느냐에 따라 뇌 건강에 영향을 줄 수 있다. 따라서 채식을 통해 장 내에 풍부한 식이섬유를 공급해 유익균의 개체가 늘어날 수 있도록 한다면 치매 예방은 물론이고 치매의 진행 속도를 늦출 수도 있다.

Question

통풍

Answer

통풍은 관절에 부종을 가져오는 관절염이라고 생각하면 이해하기가 쉽다. 초기에 발끝이나 손끝이 따갑고 심한 통증을 가져온다. 안타깝게도 통풍은 완치될 수 없고 평생을 가져가야 하는 질병이다.

의외로 통풍은 헬스를 하는 건강한 사람들도 쉽게 걸릴 수 있는데, 그 이유는 과도한 단백질 섭취 때문이다. 육류 단백질 속에는 질소 화합물의 일종인 푸린이 들어있는데 푸린은 분해 과정에서 몸속에 요산을 생산해낸다. 단백질을 과하게 섭취하면 이 요산이 몸속에 많이 쌓이게 되고 날카롭게 생긴 이 요산이 제대로 배출되지 못해 몸속을 돌아다니다 몸의 제일 끝부분인 손끝과 발끝에 도달하게 된다. 이렇게 도달된 요산은 빠지지 않고 그대로 손끝, 발끝에 박혀 빠져나오지 않는데, 그래서 잦은 횟수로 극심한 통증을 느끼게 되는 것이다.

다른 만성질환에 비해 질병 원인이 과도한 단백질 섭취라고 특정할 수 있으므로 통풍에 걸리게 되면 무조건 채식을 해야 증상을 완화할 수 있다. 또한 통풍은 육류나 유제품을 끊지 않으면 재발하기 쉽고 완치가 잘 안 되므로 채식 위주의 식사 습관을 꾸준히 가져야 한다. 하루 2L 이상 수분 섭취를 해서 소변으로 요산 배출이 수월하게끔 하는 것이 좋고, 퀘르세틴이 풍부해 요산 배출에 도움이 되는 양파나, 소변을 알칼리성으로 바꿔줘 요산을 쉽게 소변으로 배출시켜주는 셀러리 등을 섭취해 주는 것도 좋다. 식습관의 변화 이외에 모관운동이나 등산 등을 통해 적절한 운동을 하면 통풍 치료에 더 효과적이다.

채식과 체질

Question

채식이 체질에 맞는 사람과 그렇지 않은 사람이 있다는 이야기가 있다. 채식이 맞지 않는 체질이 있나?

Answer

체질은 얼마든지 바꿀 수 있다. 몸이 가진 습관을 한 번에 바꾸기가 쉽지 않을 뿐이다. 영국 런던대학의 연구에 따르면 새로운 행동을 습관으로 인식시키려면 적어도 21일이 걸리고 이것이 완전히 내 것으로 자리 잡으려면 66일이 걸린다고 한다. 식습관도 마찬가지다. 자신이 물만 먹어도 살이 찐다고 한다면 이것은 내 체질이 물과 맞지 않아서가 아니라 기초대사량이 낮은 것이고 운동으로 자신의 기초대사량을 늘리면 해결이 된다. 특정 채소에 대한 알레르기 정도는 있을 수 있지만, 채식이 체질에 안 맞는 사람은 없다.

간혹 현미를 먹고 소화가 잘 안 되고 변비가 왔다고 느끼는 사람들이 있는데, 우선 현미를 먹고 변비가 왔다고 느끼는 이유는 현미가 그만큼 느리게 소화가 된다는 것이고, 그만큼 포만감이 오래 유지가 되어 우리가 쉽게 배고프지 않게끔 해주기 때문이다. 그래서 만병의 근원인 비만을 예방하는데도 현미만 한 잡곡이 없다. 백미보다 현미가 더 좋은 이유는 또 있다 당뇨를 앓는 사람들은 필수로 알아야 하는 혈당지수 GI도 백미는 86인 반면 현미는 55밖에 되지 않는다. GI 지수가 낮을수록 체내의 혈당수치를 급격히 올리지 않는다는 것이고 그만큼 체내 소화와 흡수도 느리다는 것이다. GI 지수가 낮은 음식은 대부분 채소류, 해조류, 과일류 등이기 때문에 이렇게 건강에 이로운 채식을 할 수 없는 체질이라는 것은 있을 수 없다. 그저 자주 먹지 않아서 몸이 익숙하지 않을 뿐 꾸준히 먹다 보면 채식이 몸에 잘 맞는 체질로 변하는 것을 느낄 수 있으므로 지금부터 식습관 체질 개선을 시작해보자.

이 시점에서 체질에 대해 살펴봐야 할 사항이 하나 더 있다. 바로 한국인과 서양인의 체질에 따른 건강법이다. 둘이 다른 체질로 우선 서양인의 경우를 살펴보면 대부분 유목민족으로 밀을 주식으로 한다. 또한 육류와 유제품, 달걀 등을 즐겨 먹으며 커피와 맥주를 기호 음료로 즐겨 마신다. 이렇게 글루텐이 많은 밀과 육류 등의 산성 음식을 주식으로 하면 피부는 조밀하고 건조하게 되며 피가 뜨거워지게 된다. 이는 열체질 즉 양체질로 귀결되는데 보통은 다혈질에 건조한 피부와 털이 많은 특징을 갖게 된다. 따라서 몸을 식히는 음식문화가 발달하게 되는데 대표적으로 음식을 싱겁게 먹고 냉수를 마시며 커피나 맥주, 오트밀, 토마토

소스 등을 많이 섭취한다. 이외로 열체질로 인해 대장질환, 간, 신장, 심혈관, 뇌혈관, 비만 등의 문제를 가지게 된다.

반면 한국의 경우는 대표적 농경문화의 영향으로 음체질을 지니고 있게 되었다. 태양의 빛을 농축한 홀수인 쌀을 주식으로 다양한 채소와 산나물, 해초 등을 반찬으로 즐겨 먹었으며, 콩의 원산지 국가로 이를 활용한 다양한 발효음식인 된장, 고추장, 간장, 장아찌 등을 개발하였다. 따라서 서양과는 반대의 속성을 가지고 있어서 서양 위주의 건강법과 식사법은 오히려 건강에 해로울 수 있다. 특히나 무염식이나, 많은 양의 수분 섭취, 차가운 음식 등을 먹을 때는 체질과 증상에 따라 가감해서 조절해야 함을 명심해야 한다.

Question

생식과 화식 중에 좋은 것은?

Answer

생식과 화식은 둘 다 각각의 장단점이 있으며 재료마다도 어떤 조리법이 맞는지 차이가 있다. 먼저 생식은 음식에 열을 가하지 않아 비타민, 미네랄, 엽록소 등이 파괴되지 않고 식재료 본연의 영양소를 그대로 섭취할 수 있다는 장점이 있다. 하지만 위생적이지 못한 환경에서 자란 식재료를 섭취하면 세균이나 바이러스, 기생충 감염의 위험이 커질 수 있는 단점이 있어 섭취 전에 식재료 선정이나 손질 과정이 조금 까다롭다.

화식은 생식의 장단점을 그대로 뒤집은 것과 같다. 같은 양 대비 열을 가하면 많은 열량을 소비할 수 있고 각종 세균이나 바이러스, 기생충 감염으로부터 안전할 수 있지만, 비타민, 미네랄, 엽록소, 효소 등 영양소가 파괴되고 식재료에 변성이 일어나기 때문에 본래의 영양성분을 그대로 흡수할 수 없다는 단점이 있다. 또한 흡수율이 높다는 것은 그만큼 소화도 빨리 되는 것이기 때문에 포만감도 빠르게 줄어든다.

가장 건강하게 먹는 방법은 식재료에 맞는 적절한 조리법을 택하는 것이다. 우선 화식에 적합한 채소들 같은 경우 당근, 마늘, 콩, 토마토, 가지, 시금치, 호박, 우엉, 브로콜리, 배추, 양파 등이 있다. 당근 같은 경우 열을 가하면 당근에 풍부한 비타민 A의 흡수율을 약 2배가량 늘릴 수 있다. 끓는 물에 마늘을 오래 삶은 경우에도 항암효과가 있는 알리시스테인 함량이 기존 생마늘에 비해 4배나 늘어난다. 베타카로틴 함량이 높은 시금치 같은 경우도 데친 시금치일수록 베타카로틴 함량이 높아지는데 최대 24%나 증가했다는 연구 결과도 있다. 항산화 물질이 풍부한 토마토도 마찬가지다. 토마토에 풍부한 리코펜 또한 익혀서 섭취하면 우리 몸속에 흡수되는 비율이 4배나 늘어난다. 익혀서 먹으면 좋은 때도 있고 익혀야 안전하게 먹을 수 있는 채소도 있다. 연구 결과에 따르면 고사리 같은 경우 열을 가하면 고사리에 함유되어있는 유해 성분인 프타퀼로사이드를 제거할 수 있고 몸에 이로운 베타카로틴 영양소가 61% 보존될 수 있다고 한다.

생식에 적합한 채소들은 주로 십자화과 채소인 케일, 브로콜리, 콜리플라워, 양배추, 적양배추, 무 그리고 피망, 상추 등이 있다. 십자화과 채소는 칼로리는 낮으면서 비타민 A, C, E, K와 각종 미네랄이 풍부하고 항산화 성분도 풍부해 건강관리를 하기 위해서는 필수적으로 섭취해줘야 하는 채소다. 무도 소화에 도움이 되는 다이스타아제 성분이 열을 가하게 되면 효능이 절반 이하로 떨어질 수 있다. 이러한 채소들은 풍부한 영양성분이 열을 가하게 되면 파괴가되므로 되도록 생으로 섭취하는 것이 좋다. 이런 생식이 적합한 채소들 같은 경우 최소 1분 동안 깨끗한 물에 담가놓은 뒤 흐르는 물에 씻거나 10초에서 30초 정도 아주 짧은 시간 동안만 끓는 물에 데치는 것이 잔류농약과 각종 해로운 물질로부터 안전하게 음식을 섭취하는 방법이다.

생식과 화식을 식물의 종류에 따라서도 나누기도 하지만 체질에 따라서도 나누기도 한다. 생식이 더 맞는 경우는 붉은 얼굴, 굵은 뼈, 많은 털, 음성이 크거나 소화가 잘되는 열체질이거나 건강한 체질인 경우이다. 암, 당뇨, 혈압 등의 대사성질환을 앓고 있을 때도 생식이 더 맞는다. 반면 화식이 더 맞는 경우는 흰 피부, 가는 뼈, 손발이 차고 소화가 안 되며, 소변이 자주 마렵고, 맑은 콧물이 잘나는 비염이 있는 냉체질일 때이다.

생식과 화식을 논하면서 추가로 식물에 대한 특성별로 조리 및 섭취방법을 알아보면 다음과 같다. 우선 크게 식물을 양적 식물과 음적 식물로 나눌 수 있는데 양적 식물의 특성으로는 상록수나 침엽수를 예로 생각하면 이해하기 쉽다. 식물의 잎이 좁고 뾰족하고 단단하며 작다. 잎이 작으므로 빛을 저장하는 성질을 지니고 있다. 안은 비어있어 수분이 적게 함유되어있다. 향이 대체로 강하고 매우며 톡 쏘는 성질을 지닌다. 색은 하얀색이거나 적외선 계열의 빨강이나 노랑 등의 밝은 특징을 가지며, 가을이나 겨울에 성장한 식물이 많아서 키가 작고 성장이 느린 편이다. 이러한 양적 식물은 음적 양념으로 중화를 시킨다거나 음적 섭취 방법을 사용하면 된다. 대표적인 음적 양념으로는 된장과 간장, 식초를 사용하는 방법이 있다. 요리할 때 이 양념 조합으로 조리를 하거나 양적 식물과 같이 곁들이면 된다. 섭취 방법의 경우 시원한 성질을 가진 재료와 궁합을 맞춰내는 원리를 이용하면 된다. 여러 가지 방법이 있을 수 있는데 예를 들면 수삼냉채의 경우 따뜻한 수삼에 시원한 오이나 배를 추가해 중성적으로 만들어주는 방법이 있다. 아니면 몸의 진액을 보충하고 영양을 지징하는 성질을 지닌 매실, 오미자, 레몬 등의 신맛을 보강하거나, 열을 해소하고 올라간 기운을 내리는 민들레, 치커리, 고들빼기 등의 쓴맛, 마지막으로 영양을 즉각적으로 채워줘 지방으로 저장시켜주는 대추나 단호박으로 대표되는 단맛을 추가해 섭취하면 좋다.

음적 식물의 특성으로는 양적 식물과 반대로 생각하면 편리하다. 잎이 크고 도톰하며 얇고 넓은 편이다. 수분 함유량도 많아 부드러운 편이다. 태양을 향해 자라나는 특징이 있어 키가 크고 성장이 빠르며 부피가 팽창하는 성질이 있다. 색은 녹색, 흰색, 보라색을 띠는 경우가 많으며 맛으로 보면 쓰고 시고 떫은맛이 많다. 우리가 자주 먹는 잎채소류나 과일, 특히 그 중 특히 알맹이를 음적 식물이라 볼 수 있다. 보리나 귀리, 율무, 커피콩 등이 이에 해당한다. 음적 식물의 조리 방법도 어렵지 않다. 양적 조리법과 양적 섭취 방법을 통해 이를 보충하면 된다. 조리 방법의 경우 태양 볕에 말리거나 소금에 절이는 것이 대표적이다. 건나물, 말린 버섯, 오이절임 등을 생각하면 된다. 아니면 기름에 볶거나 튀겨 수분을 날리고 열을 보충하는 방법을 통해 차가운 성질을 줄이면 된다. 섭취 방법의 경우는 생채소나 과일들을 소금에 찍어 먹거나, 양적 양념을 배합해 따뜻하게 해서 섭취하는 것이다. 예를 들면 열대지방의 과일에 소금을 더한다거나 배춧잎의 경우 고추장 쌈장과 함께 먹기, 미역냉국보다는 따뜻한 미역국으로 먹는 방법이 그것이다. 원리를 생각해보면 단맛을 통해 칼로리를 보충해 기력을 높이고, 매운맛으로 인체의 수분 및 혈액의 순환을 좋게 하며, 짠맛으로 지방을 녹여 기를 돌리며 소화능력을 증가시키는 양적인 보강법을 쓰면 되는 것이다. 다만 가족이나 다른 사람과 같이 식사할 때 되도록 한쪽에 치우치지 않게 중성으로 섭취해야 한다. 특별히 건강이 나빠진 경우 체질과 증상에 따라 음적, 양적 식물의 성질을 이용해 음식을 섭취하면 된다.

비건과 식품

Question

나트륨 섭취는 어떻게 하는 게 좋은가?

Answer

나트륨은 우리 몸에 없어서는 안 되는 필수적인 미네랄 덩어리다. 나트륨은 주로 소화액의 구성물이 되고 우리 몸의 근육과 뇌 사이의 신경 자극 전달에 관여하거나 세포의 삼투압 유지 그리고 수분과 전해질 균형에 영향을 끼치는 등 다양한 역할을 한다. 보통 WHO에서 권장하는 소금의 하루 섭취 권장량은 1~3g 정도인데, 우리가 평소에 나트륨은 몸에 해롭다고 알고 있는 이유는 이 권장 섭취량을 한참 넘어선 양을 섭취하기 때문이다. 간단하게 한 끼를 해결하려고 라면 한 그릇을 섭취하면 한 봉지 기준 1,800mg에서 1,900mg의 나트륨을 섭취하게 되는데 이는 하루 권장 섭취량을 거의 다 채운 거나 마찬가지다. 여기에 각종 반찬까지 더 하면 하루 허용치를 초과하는 것이다. 그래서 인스턴트, 패스트푸드는 아예 먹지 않는 것이 건강을 지키는 지름길이다.

나트륨을 섭취하는 가장 좋은 방법은 특별한 비법도 없다. 그저 조금 먹는 것이다. 나트륨이 배출되지 않고 몸에 쌓이게 되면 각종 고혈압이나 심혈관 질환을 일으킬 수 있고 체내 수분 배출을 방해해 하체 비만까지 유발할 수 있다. 따라서 회사의 회식이나 특별한 날로 인해 부득이하게 다량으로 나트륨을 섭취해야 할 상황에 봉착한다면 안전하게 섭취하는 방법이 채소를 많이 섭취하는 것이다. 특히 팥, 오이, 감자, 바나나에 풍부한 칼륨은 나트륨을 배설시키고 혈압을 낮추는 데 도움을 주기 때문에 이런 칼륨이 풍부한 채소를 꼭 같이 섭취해 나트륨으로부터 몸을 보호할 수 있도록 해야 한다. 나트륨을 가장 안전하게 섭취하는 방법 또 한 가지. 하루에 물을 충분히 마시는 것이다. 여기에 레몬즙 한두 방울 정도 첨가하면 디톡스 효과도 있어 기호에 맞게 다양한 방법으로 수분 섭취를 해주는 것이 나트륨 섭취와 배출에 도움을 줄 수 있다.

그렇다고 무조건 싱겁게 먹으라는 이야기는 아니다. 현재 상황과 체질에 따라서도 나트륨 섭취가 달라질 수 있어 주의가 필요하다. 체질별로 나트륨 섭취와 관련해서 설명하면 열체질의 경우 나트륨 섭취를 더 주의할 필요가 있다. 되도록 싱겁게 먹고 생채소를 많이 먹는 방법을 추천한다. 그러나 냉체질의 경우는 조금 간간하게 양념해서 먹어도 좋다. 또한 생채소보다는 익힌 채소 위주의 따뜻한 음식과 물을 섭취하는 방법이 좋다.

비건과 식품

Question

유기농만 먹어야 하나?

Answer

보통의 농작물 재배에서 농약을 사용하는 이유는 농작물을 병충해로부터 보호하고 생산량을 보장하기 위함인데, 경제적으로 따져본다면 농작물의 손실을 줄여 공급을 안정적으로 할 수 있으니 농약의 사용이 합리적이라고 볼 수는 있다. 하지만 농약은 궁극적으로는 자연에서 온 그대로의 물질이 아닌 인간이 만들어낸 화학물질이고 독성을 가지고 있다는 점에서 벗어날 수 없다. 또한 농약은 농작물의 병충해를 막는 데서 그치는 것이 아니라 부메랑처럼 농약을 사용한 토양의 오염, 지하수 오염, 대기오염을 가져와 결국 우리에게 돌아온다는 것이 문제다.

건강한 토양에서 자라는 농작물을 먹고 싶은 건 누구나 원하는 일이다. 특히 흙의 청소부라고 불리는 지렁이가 많을수록 농작물도 잘 자랄 수 있는 건강한 토양이라는 증거인데 농약으로 오염된 토양에는 미생물과 지렁이들이 살 수 없다. 땅이 척박해지면 결국 농작물을 키우기 위해 화학 비료를 더 많이 사용할 수밖에 없는데 이는 토양이 산성화되도록 만드는 결과를 가져온다. 토양이 산성화되면 문제는 더 심각해진다. 산성화된 토양은 작물의 영양분 흡수 활동을 저해해 식물 생장을 방해해 식물을 시들게 만든다. 점점 병들어가는 토양을 계속해서 방치한다면 미래에는 식량 확보에도 어려움을 겪을지도 모를뿐더러 어쩌면 더 나은 토양 확보를 위한 식량 전쟁까지 겪을지도 모른다.

이뿐인가 토양에 흡수된 화학 비료는 지하수를 오염시키고 흐르는 지하수는 결국 바다의 생태계까지 위협하게 되는 결과를 초래한다. 농약으로 토양을 오염시키는 것은 결국 우리가 미래를 끌어와 현재를 사는 것이나 마찬가지인 셈이다. 유기농을 먹어야 하는 이유는 단순히 식탁을 건강하게 구성하는 것에 그치지 않고 우리가 살아가고 물려줘야 할 지구 생태계 전체를 위하는 길이기 때문이다.

유기농이 비싸다는 인식도 있지만, 직거래 장터나 협동조합 등을 이용하면 사실 일반 채소들과 가격 차이가 크지 않다. 또한 일반 채소와 비교하면 비타민과 미네랄 함량이 높아 건강에 더 좋은 것은 물론이다. 채소를 구매할 때 반드시 유기농만 고집할 필요는 없으나, 될 수 있으면 몸에도 환경에도 유익한 유기농을 고려해보는 것은 좋은 선택이 될 수 있다. 그러나 무엇보다 중요한 것은 유기농 자체를 고집하려는 마음보다는 어떤 마음으로 먹느냐가 중요하다는 점을 다시 강조하고 싶다. 아무리 좋은 음식, 유기농 음식만 고집하더라도 마음이 불편하면 소화가 잘 안된다. 사람의 생각은 호르몬의 작용이고 호르몬을 만드는 것은 음식이지만 이를 움직이는 것은 사람의 마음임을 다시 한번 생각해보자.

비건과 식품

Question

비건이 먹을 수 있는 간편식

Answer

바쁘디바쁜 현대사회에서 주방 일을 해본 사람들이라면 안다. 음식을 만드는 일이 얼마나 시간과 손이 가는 일인지, 비건이라면 더더욱 식재료 선정부터 조리 과정까지 시간을 더 투자해야 하는 경우가 대부분인 것이 사실이다. 그래도 1인 가구 증가와 더불어 코로나 시기와 재택근무가 늘어나면서 스스로 해 먹어야 하는 인구가 늘다 보니 밀키트 시장도 급격한 성장세를 보여 지금은 마트만 가도 다양한 밀키트들이 진열된 모습을 볼 수 있다. 거기에 늘어나는 비건 인구로 인해 식품 기업들이 비건 밀키트나 간편식 제품을 출시하고 있어 선택지가 예전에 비해 다양해졌다. 오뚜기에서는 비건 3분 카레나 3분 짜장을 선보였고 비비고에서도 비건 왕교자를 출시했다. 포털 사이트에 '비건 간편식'이라는 키워드로 검색하면 수많은 제품을 볼 수 있다. 편의점에서도 비건 간편식을 찾아볼 수 있는데 CU 같은 경우 '채식주의 간편식 시리즈'라는 브랜드를 따로 출시해 비건 파스타나 도시락, 비건 유부초밥 등 다양한 채식주의 간편식을 내놨다. 식물성 식품만을 만드는 올가니카라는 브랜드도 있으니 직접 조리하거나 도시락 싸기가 어렵다면 간편식을 이용해보는 것도 좋다.

다만 비건 간편식이라고 시중에 나와 있는 제품 중에서는 간혹 식품 첨가물들이 전혀 비건에 적합하지 않은 재료들을 사용한 예도 있으므로 식품 원재료 구성을 잘 살펴보고 섭취하는 것이 좋겠다. 이러한 시중의 간편식들이 미덥지 않다면 건강한 비건 간편식을 직접 준비해 보는 것도 좋다. 어렵게 생각하지 말고 불린 잡곡, 견과류, 말린 과일들(곶감이나 베리류), 통깨, 약간의 소금을 본인의 기호나 상황에 맞추어 섞어 분쇄해 경단이나 에너지바로 만들어 먹으면 된다(자세한 조리법을 알고 싶다면 「이도경의 소울푸드」에서 '현미에너지바'편을 참고하길 바란다).

비건과 식품

Question

가공식품을 먹을 때 주의해야 할 식품첨가물에는 무엇이 있을까?

Answer

우리가 마트에서 구매하는 가공식품 대부분에는 상품성 보존과 맛, 이미지 때문에 다양한 식품첨가물이 들어있다. 오래 보존하기 위해서는 산화방지제와 보존제가 들어가고, 혀에 맛있음을 느끼게 해야 하므로 향신료와 감미료, MSG를 첨가한다. 또한 맛있어 보이게 하려고 아질산나트륨 같은 발색제, 식용색소 등을 첨가하기도 한다.

부대찌개에 빠질 수 없는 햄 같은 경우 고기의 색과 비슷하게 만들기 위해 아질산나트륨을 필수적으로 첨가하게 되는데 이 아질산나트륨은 질산나트륨을 납과 함께 녹여 추출한 화학물질이다. 그리고 이 물질은 이미 WHO가 햄이나 소시지 같은 가공육을 1급 발암물질로 지정하는

데 톡톡한 역할을 한 물질들이다. 물론 이 물질들 자체는 암을 유발하지 않지만 조리 과정에서 과한 열을 가하게 되면 나이트로사민이라는 발암물질이 만들어지기 때문에 위험한 것이다. 그냥 생으로 먹으면 되지 않느냐? 할 수도 있지만, 식중독이나 기타 세균에 노출될 수 있어서 결국 가열해서 먹게 된다. 이렇게 굳이 아질산나트륨을 사용해 색을 입히려는 이유는 주로 소시지가 상하면 생성되는 보툴리눔 균을 예방하기 위함인데 이런 위험을 무릅쓰고 소시지나 햄 같은 육류 가공품을 먹어야 할까? 차라리 살코기를 먹는 것이 더 건강에 도움이 될 것이다.

입이 심심하면 손이 가는 사탕이나 젤리 등에 자주 사용되는 타르색소도 섭취하지 말아야 하는 식품첨가물이다. 타르색소는 석탄타르 속 벤젠과 나프탈렌을 합성해 만들어낸다. 그만큼 인체에 해로운 첨가물로 원래는 섬유를 염색하는 용도로 개발되었다. 실제로 미국은 적색 2호 색소를 사용금지 처분했고 유럽 같은 경우 황색 4호가 천식을 유발할 수 있다고 밝혔다. 이런 타르색소는 각종 알레르기뿐만 아니라 피부염까지 일으킬 수 있고 간 염증과 갑상샘 종양을 가져올 수도 있다. 아주 미량의 섭취는 바로 건강상의 문제를 일으키진 않지만, 타르색소에 취약할 수 있는 어린이가 자주 섭취하는 식품에 많이 들어가 있고 장기간 복용하면 몸속에 어떤 문제를 일으킬지 모르기 때문에 식품첨가물 표시를 잘 확인하고 되도록 먹지 않는 것이 좋다.

이외에도 가공식품을 부패하지 않고 오래 판매하기 위해 첨가하는 방부제, 보존제도 문제다. 일각에서는 식중독 위험을 줄이고 균과 세균으로부터 식품을 보호해 안전을 위해 필수적이고, 음식에 함유된 양도 일일 섭취량을 초과하지 않아 안전하다고 주장한다. 그러나 단일 식품만 섭취하는 것이 아니고 방부제가 얼마만큼 첨가되었는지 명시되어있지도 않아 소비자가 어느 정도를 섭취해야 안전한 범주에 들어가는지 파악하기 어렵다. 또 방부제로 많이 사용되고 있는 소브산칼륨은 체질이 특이한 경우 알레르기나 천식을 일으킬 수 있다는 보고도 있다. 그리고 이렇게 방부제가 들어간 식품을 섭취했을 경우 장내 유익균의 활동을 저해할 수 있다는 의견도 있어서 장기적으로도 우리 몸에 좋지 않은 것은 확실하다.

보존료가 들어가지 않은 가공식품은 사실 없다고 봐도 될 정도로 이미 우리 식탁 깊숙이 침투해 있는 만큼 최대한 조리 과정에서 첨가물을 흘려보내는 것도 조금이나마 도움이 될 수 있다. 두부 같은 경우는 직접 만들지 않는 한 공장에서는 보통 소포제를 사용해 만들기 때문에 찬물에 1분 정도 담가놓고 섭취하는 것이 좋고 통조림류는 내부에 퓨란이 들어있기 때문에 캔을 열고 바로 섭취하지 않고 30초에서 1분 정도 시간을 두면 퓨란이 휘발성 물질이기 때문에 안전하게 섭취할 수 있다.

지금은 이런 식품첨가물에 대한 허용치가 정해져 있고 이 기준만 지키면 문제없다고 이야기하지만, 시대에 따라 계속해서 이런 식품첨가물의 섭취 안정성에 대한 논란이 끊이지 않는 것은 분명한 사실이고 단기간으로는 문제 되지 않더라도 시간이 흐른 뒤 나중에 어떤 문제를 초래할지는 아무도 모른다. 그 때문에 되도록 이런 식품첨가물이 들어간 가공식품을 섭취할 때 안전하게 먹을 수 있도록 씻어내고 삶는 조리법을 사용하거나, 섭취량을 최대한 줄이는 것이 가장 현명한 방법이다. 또한 해독에 도움이 되는 음식을 섭취하는 것도 도움이 된다. 도토리묵, 녹두수프, 쑥차, 현미차, 검은콩차, 감초차 등이 해독에 탁월한 효과가 있으므로 도움을 받는 것도 좋다.

비건과 식품

Question

비건도 알코올을 섭취할 수 있나?

Answer

당연히 비건도 자신의 선택에 따라 알코올을 섭취할 수 있다. 모든 주류의 원료는 대부분 채소와 과일이다. 와인의 핵심 원료인 포도도 과일이고 맥주의 핵심 원료도 보리와 홉이며 막걸리는 쌀이다. 다만 현대에 들어서 양조 과정에서 젤라틴, 달걀흰자, 부레풀 등 동물성 재료들이 사용되는 경우도 많아서 제조과정에서 동물성 재료들이 사용되어 양조되었는지 확인해야 한다.

최근 들어 비건 인구가 증가하다 보니 제품 자체에 비건 마크를 표시하고 있는 때도 있지만 그렇지 않은 경우가 많아서 번거롭더라도 검색으로 알아봐야 한다. '바니보어'라는 해외 사이트에서는 비건 주류 목록을 공유하고 있어 검색한 주류 제품이 비건 제품인지 논 비건 제품인지 쉽게 확인해볼 수 있으니 번거롭더라도 즐거운 주류생활을 위해서는 확인 과정을 거치는 것이 좋다.

다만 건강과 환경을 위해 비건을 실천하면서 과음하고 술을 즐기는 것은 좋지 않다. 술은 국제암연구소가 지정한 1급 발암물질인 만큼 스스로 절제하고 조절해서 음용하는 것이 좋다는 점 잊지 말자. 그리고 비건의 음식 철학에는 부정적 생각과 언행, 술, 음란물, 도박, 마약 등이 정신과 영성에 영향을 주므로 수행자들의 경우 멀리해왔으나 발상의 전환을 해볼 필요도 있다. 좋은 습관과 절제력을 가지고 있다면 한두 잔 기분 내기 좋은 음식이 분명하니 무조건적인 섭취 반대만이 음주에 대한 좋은 태도는 아니라고 본다. 물론 중독이 되거나 몸과 의식에 좋지 않은 영향을 준다면 절제의 품성은 필요하다고 본다.

비건과 식품

Question

비건의 경우 꿀 섭취가 가능한가?

Answer

근본적으로 꿀을 섭취하는 것은 비건의 취지에 맞지 않는다. 꿀벌은 꽃가루를 묻히고 다니기 때문에 식물들의 수분을 도와 열매를 맺을 수 있도록 도와줘 자연 생태계에 없어서는 안 되는 큐피드나 다름없다. 심지어 유엔식량농업기구에 따르면 우리가 재배하는 작물 100가지 중 꿀벌에게 약 70% 정도나 의존하고 있어서 꿀벌의 역할은 더더욱 소중하고 중요하다. 이렇게 자연 생태계와 인류에게 없어서는 안 될 꿀벌들이 사라지고 있다.

아인슈타인은 꿀벌이 멸종하면 인류도 이른 시일 내에 멸망할 것이라고 예언했다. 그리고 지금 그의 예언이 머지않았다 싶을 정도로 꿀벌의 개체 수는 기하급수적으로 줄어들고 있고, 전국적으로 꿀벌이 사라졌다는 양봉업자들의 증언도 잇따르고 있다.

꿀벌의 개체 수가 줄어들고 집단폐사가 일어나는 문제에 대해 크게 의심하고 있는 원인으로는 다량의 살충제와 제초제 사용, 대기오염, 환경오염, 서식지 파괴 등을 의심하고 있지만, 아직 과학계에서 명확한 원인과 해결책을 내놓지 못하고 있다.

사양 벌꿀도 문제다. 사양 벌꿀은 벌이 아카시아꽃이나 밤꽃처럼 자연에서 얻은 당분으로 만든 꿀이 아니라 임의로 설탕물을 급여해 만들어낸 꿀이다. 지구 온난화로 꽃들이 줄어들자 양봉을 하기 위해서는 꿀벌들에게 설탕물을 주게 되는데 자연 그대로인 꽃의 당분을 먹고 자란 벌들에 비해 설탕물을 먹고 자란 벌들은 면역력이 낮아 그만큼 질병이나 기생충으로부터 취약해 생존율이 낮아질 수밖에 없다. 실제로 전 세계적으로 사양 벌꿀은 손가락질받고 있으며 세계양봉협회에서도 사양 벌꿀을 양봉산업의 해결과제로 인식하고 있을 정도다. 꽃이 피지 않는 시기에도 벌들이 쉬지 못하고 설탕물을 급여 받아 꿀을 생산해내는 이런 착취의 고리를 끊어내지 않으면 다시 말해서 우리가 꿀 섭취를 줄이고 대체하지 않으면 결국 인간의 이기심으로 얻어낸 꿀은 나비효과를 가져와 인류의 멸망을 초래하게 될 수 있다.

해외에서는 대추나 코코넛, 유기농 사탕수수 등으로 만들어진 비건

꿀 제품이 다양하게 출시되고 있고 우리나라 같은 경우 이미 전통적으로 사용돼 온 조청이 존재한다. 주로 쌀이나 수수로 만들기 때문에 비건도 안심하고 먹을 수 있다. 조청은 장을 청소해주고 위장장애를 해소해줄 수 있어 변비나 비만에도 효능이 있다고 알려진 만큼 요리에 꿀 대신 조청을 이용하는 것이 가장 현명한 당 섭취 방법이자 벌들을 살리고 기후 위기와 환경오염에 대응할 수 있는 현명한 방법이다.

Question

비건도 곤충식을 먹을 수 있나?

Answer

소나 돼지, 닭과 비등한 영양분을 가지고 있고, 키울 수 있는 사육 면적 대비 얻을 수 있는 식량의 양도 기존 가축 사육보다 압도적으로 많다. 또한 메탄가스나 환경오염 물질 배출도 소에 비교하면 거의 30분에 1 수준으로 적어 기후 위기에도 대응할 수 있는 미래 식량으로서 높은 평가를 받는 곤충식. 우리나라에서도 실제로 누에, 호박벌, 왕귀뚜라미, 왕지네, 장수풍뎅이 등 총 14종이 가축으로 인정이 됐다.

결론부터 이야기하면, 비건은 곤충식을 섭취하면 안 된다. 비건은 건강을 위해서 채식을 하는 이유도 있지만, 동물들의 착취로 만들어진 제품을 일절 소비하지 않는 것에도 의미를 두고 있기 때문이다. 곤충도 엄밀히 말하자면 동물이고 살아있는 생명체로서 비건식에 곤충식을 포함하는 것은 적합하지 않다.

앞서 벌과 꿀 사례에서도 설명했듯 곤충은 자연 생태계에 중요한 연결고리가 되는 존재다. 인간이 인위적으로 개체 수를 늘리거나 줄인다면 지구 생태계와 먹이사슬에 어떤 영향을 끼칠지 예측할 수 없을뿐더러, 우리가 눈에 보이지 않아서 체감하지 못하고 있을 뿐 지금 지구에 서식하는 곤충들의 개체 수가 점점 줄어들고 있고 멸종하고 있다는 과학계의 증언이 끊이지 않고 있다.

물론 생각해 볼 수 있는 점은 있다. 소나 돼지처럼 각종 환경오염에 명확한 원인이 되는 가축 사육보다는 곤충을 사육하는 것이 훨씬 획기적으로 환경을 보호할 수 있을 것이라는 전망도 무시할 순 없다. 채식주의자의 유형도 여러 가지로 분류되어있듯 세미 베지테리언이나 락토오보 베지테리언 처럼 곤충식을 하는 채식주의자라는 새로운 유형이 생겨날 여지는 있다. 다만 곤충식을 더 활성화하려는 움직임에는 멸종하고 있는 곤충들을 어떻게 보호하고, 생태계에 나쁜 영향을 미치지 않을지에 대한 충분한 연구와 사회적 고민도 함께 따라갈 필요가 있다.

Question

대체식(육)

Answer

공장식 축산의 문제점이 사회적으로 대두되자 연구하고 만들기 시작한 대체식(육), 주로 인공적으로 동물 세포를 배양해 만든 대체육과 콩고기 같은 식물성 재료로 만든 대체식(육)이 주를 이루고 있는데 채식주의를 엄격하게 시행할수록 이 동물 세포로 배양된 대체육도 섭취하지 않는다. 이외에도 많은 채식주의자 사이에서 대체식(육)에 대한 의견이 분분하다. 애초에 다량의 단백질 섭취는 몸을 병들게 하므로 건강상의 이유로 육식을 규지했는데, 오히려 영양분 섭취 명목으로 대체식(육)을 섭취하게 되면 육류 섭취와 다를 바가 없으므로 대체식(육)도 일반 육류처럼 취급해야 한다는 의견이 있다. 반면 동물의 살생에 거부감을 느껴 채식하게 된 경우처럼 신념에 의한 육류기피로 채식을 하게 됐다면 대부분 대체식(육) 섭취에 호의적인 반응을 보인다.

대체식(육)의 논란거리는 또 있다. 아직 이 물질에 대한 충분한 정보가 없다는 점이다. 인공적으로 세포를 배양해 실험공장에서 만들어진 대체식(육)을 섭취했을 경우 우리 인체에 미치는 영향에 대해 알려진 바가 없고 장기간 섭취했을 경우 어떠한 부작용을 초래할 것인지에 대해서도 아무도 모른다. 현재도 각종 면역질환이나 알레르기를 일으킬 수 있다는 문제점 때문에 이런 배양된 대체육의 섭취는 안정성 확보 측면에서 완벽한 대체식품으로 볼 수 없다.

그나마 콩고기처럼 식물성 성분으로 만들어진 대체식(육) 같은 경우엔 소비가 활발한 편이지만 이마저도 건강에 좋은지는 여러 영양학자가 의문을 가지고 있다. 콩을 콩고기 같은 질감과 맛을 내게 하려고 집어넣는 각종 첨가물과 나트륨, 포화지방 함량을 생각한다면 이마저도 섭취하는 것이 과연 건강에 좋은지, 채식하고자 하는 취지에 부합할지 충분한 고민을 해봐야 하는 부분일 것이다. 다만 곤충식과 마찬가지로 대체식(육) 시장은 현재 가축 사육 환경으로 인해 초래되는 각종 환경파괴와 동물 살생 같은 윤리적인 이유를 대체할 수 있는 수단인 만큼 대체육에 관해서는 계속해서 연구될 필요성은 있어 보인다.

대체식(육)과 관련된 여러 논란들의 핵심은 어떻게 하면 채식을 행복하고 꾸준히 함께 할 수 있는지에 대한 고민이 중심이 놓여야 한다고 본다. 대체식(육)은 육식을 즐겨하는 사람들이 채식으로 오기 위한 징검다리로 필요하다 할 수 있다. 대체식(육)과 인스턴트 채식을 정크푸드라고 극단적으로 싫어하시는 분들이 있는데, 건강상 일부 좋지 않음은 충분히 공감된다. 그러나 현실에서 완벽한 채식과 청정식을 하려면 산으로 들어가야 하고, 아기가 아플 때 약도 먹일 수 없으며, 거의 모든 음식을 날것으로 유기농만 먹어야 한다. 이렇게 청정식이나 유기농 채식을 먹어도 마음에 감정이 요동치면 스트레스 호르몬으로 인해 건강이 나빠지니 좋다고 먹은 음식이 무슨 소용이 있겠는가? '세상에 이런 일이'라는 프로를 보면 라면이나 커피만 먹고 평생을 사는 분들이 있는데 질병 없이 건강한 사람들이 있다. 이런 현상을 영양학적으로 의학적으로 어떻게 이해할 것인가? 우리도 한때는 육식을 했었고 지금 주변에 가족과 친구 중에도 있기에 좀 더 넓은 문을 열고 받아드리고 때로는 기다려주어야 한다. 30년 가까이 채식을 실천해오며 많은 분을 만나왔지만 도중에 많은 채식인이 포기하는 것도 보아왔다. 왜냐하면 산이 높으면 골짜기가 깊듯이 극단적 선택은 채식인들에서도 또 다른 구별을 하게 되고, 벽을 만들어 채식으로 들어올 수 있는 기회를 막기 때문이다. 사람은 빵만으로 사는 존재가 아니요. 음식에 깃든 마음 등 보이지 않은 에너지로도 살아감을 이해한다면 공감과 소통, 기다림의 마음으로 다가가는 채식이 필요하다고 본다. 비건은 가장 정진의 식사법이므로 모든 사람이 지금 바로 하기 어려울 수 있다. 따라서 맛있는 채식, 행복한 채식, 함께하는 채식을 중심에 두고 대체식(육)을 조금 더 넓은 시야로 바라봐야 한다고 본다.

비건과 의약품

Question

비건의 경우 주의해야 할 의약품이 있을까?

Answer

의약품 대부분은 동물실험은 물론이고 동물성 성분이 들어간다. 그러나 동물성 성분이 들어간다고 해서 섭취를 무작정 중단해서는 안 된다. 내 몸이 해당 의약품을 섭취하지 않으면 증상 개선이 되지 않는 상황일지 충분한 고민이 필요하다. 모든 가정의 필수 상비약 중 하나인 타이레놀도 우유에서 추출한 유당이 들어가 있다. 딱딱한 태블릿 형태가 아닌 액상이 들어있는 연질 형식의 알약 같은 경우엔 캡슐로 젤라틴을 사용하기 때문에 약품의 내부 성분뿐만 아니라 감싸고 있는 캡슐 재질까지 신경 써야 한다. 물론 이런 겉껍질 같은 경우 최근 들어 옥수수나 해조류에서 추출한 식물성 캡슐인 베지캡이 사용된 의약품이나 영양제들이 늘어나고 있지만, 여전히 의약품 성분 자체에는 동물성 성분 사용

비중이 크기 때문에 비건이라면 생약을 제외하고는 선택할 수 있는 의약품 자체가 없다고 보면 된다.

가장 이상적인 방법은 본인이 현재 섭취하고 있는 만성질환 약품이나 질병에 관한 의약품을 바로 끊지는 말되, 꾸준한 채식과 운동으로 건강한 신체를 유지해 되도록 약 섭취 횟수를 줄일 수 있도록, 더 나아가 약을 먹지 않아도 되도록 만드는 것이다. 건강해져서 약을 먹지 말라는 말이 이상적인 소리일진 모르겠지만 사실 이게 제일 우리가 바라는 결과 아닌가? 약이라는 것 자체는 내가 가진 질병의 근본적인 해결책이 아니다. 결국 내 몸이 건강하지 않은 식습관과 생활 습관으로 망가졌는데 고작 영양제나 약을 먹는다고 망가진 몸이 좋아지리라는 것은 망상에 불과하다. 정말 섭취해야 할 상황에서는 불가피하게 섭취하되 빠르게 본인의 면역력을 회복시켜 자가면역을 기르는 것이 의약품 없이 비건으로 살아남을 수 있는 유일한 방법이다.

비건과 화장품

Question

비건의 경우 어떤 화장품을 사용하면 좋을까?

Answer

선택지의 폭이 거의 없는 것과 다름없던 의약품과는 달리 화장품은 동물성 재료를 사용하지 않거나 동물실험을 하지 않은 다양한 비건 제품들이 이미 시장에 나와 있거나 지금도 계속해서 출시되고 있어 화장품 선택에는 한시름 덜어도 된다. 검색으로 비건 제품을 찾아보거나 일반 제품과 구분하는 방법도 있지만, 굳이 검색하지 않아도 동물성원료가 들어갔는지 동물실험을 하지 않았는지 제품만 봐도 간단히 알 수 있다. 바로 비건 인증마크를 확인하면 된다.

비건 인증마크에는 여러 가지가 있는데 그중 몇 가지를 소개해보겠다. 첫 번째는 세계에서 가장 오래된 조직이자 비건이라는 단어를 만들어낸 도널드 왓슨Donald Watson과 그의 동료들이 설립한 비건소사이어티The Vegan Society의 인증마크다. 화장품 외에도 식품에도 쉽게 볼 수 있는 꽃이 그려진 이 비건소사이어티 인증마크를 받으려면 동물성원료가 사용되지 않았고, 어떠한 동물실험도 진행하지 않았으며, GMO 같은 유전자 변형 물질 사용 금지와 더불어 제품 개발 생산 그 어떠한 과정에서도 동물성원료를 사용하지 않아야 비로소 받을 수 있다. 그래서 많은 비건인이 물건을 고를 때 꼭 확인하는 마크다.

비건소사이어티 인증마크

두 번째는 이브비건의 인증마크다. 프랑스 비건 협회에서 설립한 이브비건Eve Vegan은 화장품 외에도 영양제나 식품에도 비건 인증을 시행하고 있다.

이브비건 인증마크

세 번째는 토끼가 그려진 크루얼티프리Cruelty-Free 마크다. 말 그대로 학대에서 자유롭다는 의미로 동물실험과 동물성원료를 사용하지 않았다는 의미다. 유럽연합뿐만 아니라 캐나다, 멕시코, 뉴질랜드 등 41개국이 동물실험 화장품 판매를 금지하고 있고 이에 동참하려는 국가들이 늘어나고 있는 만큼 비건이 선택할 수 있는 화장품 제품의 폭도 지금보다도 더 다양하게 늘어나고 있다.

크루얼티프리 인증마크

Question

채식할 때 비용 문제는?

Answer

자본주의 사회에서 가장 중요한 것은 비용이자 돈이라는 점은 부정할 수 없는 사실이다. 현실적으로 이야기하자면 불가능하진 않지만, 소득이 낮고 젊은 층일수록 채식을 '편하게' 하기는 어렵다. 할 수는 있지만 편하지는 않다.

대부분 비건 전문 식당은 채식협회 자료에 따르면 2021년 기준 한 끼에 평균 14,635원으로 평균 만 원 정도 하는 일반적인 한 끼보다 높고 청년 1인 식비인 약 5,500원대와 비교하면 턱없이 높은 수준이다. 또한 비건 인증 제품 가격 또한 일반 제품에 비해 1.6배나 차이 난다. 그래서 소득이 낮거나 사회 초년생으로 지갑 사정이 얇을수록 비건으로 살아가는 길이 순탄치만은 않은 것도 사실이다.

가장 확실한 방법은 일단 실천해보는 것이다. 채식을 실천해보고 자신의 상황이 완벽한 비건이나 채식주의자의 삶을 살 수 있는지 판단해보는 것이다. 사람마다 소비하는 성향도 다르고 과소비하는 부분도 다르기도 하고 소비의 흐름을 한 번에 바꾸기란 어려운 법. 어느 부분의 비용을 줄이고 조정할 수 있을지 각자의 채식 가계부를 써보는 것도 좋은 방법이다.

기왕 채식하겠다고 마음을 먹었으면 부지런해질 필요도 있다. 채식 식당이 비싸다? 그럼, 직접 마트에서 채식하기 위한 식재료를 구매해 도시락을 싸보는 것은 어떨까? 처음엔 사야 할 제품도 있을 수 있고, 일인 가구의 경우 소포장 된 채소를 구매하는 게 아니라면 버려지는 채소의 양도 많을 수 있어 식비가 많이 나올 수도 있는 등 각종 시행착오 때문에 비용이 한시적으로 늘어날 수 있다. 하지만 외식보다 집에서 만들어 먹는 채식을 하다 보면 요령이 생겨 결국 식비도 줄어들고 미니멀한 삶으로 정착할 수 있을 것이다.

한국에서 채식주의자가 100% 만족할 수 있는 길은 아직 멀지만, 채식이 무조건 처음부터 어떻게 해야 한다는 법이 있는 것도 아닌 만큼 본인의 여건에 맞게 할 수 있는 부분에서 조금씩 생활에 적용해 나간다면 충분히 비용을 걱정하지 않아도 채식을 할 수 있을 것이다.

한편으론 채식과 비건의 삶으로 건강한 몸을 만들어 나가면 분명 나이가 들어서도 크게 아플 일이 없을 것이다. 그럼 미래에 각종 병치레도 덜 할 것이고 그만큼 지출될 병원비와 약값도 줄일 수 있다는 측면에서 인생 전체를 놓고 따져보면 오히려 더 비용이 적게 드는 것 아닐까 하는 관점으로도 볼 수 있지 않을까 싶다.

Question

04

∷

HOW?
비건 실천 방안

HOW

Question

채식을 시작하고 싶다. 어떻게 시작하면 좋을까?

Answer

채식을 시작하는 가장 중요한 요소는 다급하지 않은 마음가짐이다. 다이어트와도 유사하다. 처음부터 엄격하게 이것저것 통제하고 절제한다면 얼마 가지 않아 금세 포기하게 된다. 처음에는 그냥 간단하게 '아침, 저녁은 무조건 채식으로 먹자'던지 '소고기나 돼지고기만 먹지 말아보자' 혹은 '육류는 한 달에 딱 4번만 먹어보자. 단, 가공육은 먹지 말자'라는 가벼운 목표 의식을 가지고 접근하는 것이 좋다. 이렇게 가벼운 마음으로 시작해서 점점 채식이 익숙해지게 된다면 조금씩 목표를 늘려가면 된다. 장기적으로 갈수록 뚜렷한 목적의식이 없다면 의지도 흐려지고 채식을 하겠다는 마음도 무너지기 쉬운 만큼, 본인의 질병을 낫게 하는 등의 건강이나 동물권과 환경문제 등 명확한 목적의식을 설정할 필요가 있다. 그리고 꾸준히 책이나 강연, 영화 같은 동기를 유발하는 채식 관련 지식을 습득해 계속해서 채식에 관한 공부와 동기부여를 이어나가면 된다.

채식하겠다는 굳은 마음이 들었다면 일단 본인의 현 상황을 일목요연하게 파악하는 것도 중요하다. 학생인지, 회사는 다니는지, 회식은 한 달에 몇 번 있는지, 식비는 한 달 기준 얼마인지 등 그렇게 자신의 객관화가 다 끝났다면 어떤 채식주의 유형부터 시작할 것인지 선택하면 된다. 처음 시작할수록 세미 베지테리언이나 페스코, 락토오보 베지테리언처럼 덜 엄격한 채식주의 단계를 택하는 것이 엄격한 채식보다는 조금 더 채식과 쉽게 친해질 수 있으니 본인의 여건에 맞게 채식주의 단계를 선택하자. 그다음에 어떤 식단을 꾸려나갈지 유튜브와 인터넷에 올라온 각종 채식 레시피를 참고해 자신만의 식단을 완성해보자. 자료를 찾다 보면 수많은 채식 레시피를 만나볼 수 있고 맛없게 풀만 먹는 것이 채식이 아니라는 것을 알 수 있을 것이다. 중요한 건 스트레스 받지 않는 것이다. 처음인 만큼 너무 엄격하게 채식만을 고집하지 말고 유연하게 오히려 불완전하게 채식을 이어나가는 것이 오래갈 수 있는 비법이다. 그러니 작심삼일로 끝나지 않도록 재밌고 융통성 있게 채식을 시작해보자.

HOW

Question

채식을 시작하는 초심자들이 할 수 있는 간단한 요리 팁이 있다면?

Answer

채식 요리를 간단히 시작해 볼 수 있는 쉬운 팁이라고 한다면 특별한 비법이 따로 있지 않다. 그냥 쉽게 생각하면 된다. 각종 채소와 드레싱을 곁들인 샐러드일까? 물론 이것도 쉬운 요리다. 하지만 이와 더불어 우리가 평소에 먹는 다양한 김치, 김치찌개, 된장찌개, 파전, 부추전, 무말랭이, 오이소박이, 호박볶음, 나물 반찬 등 사실 우리는 평소에 채식을 이미 어느 정도 실천하고 있었다. 채식에 기반한 한식이라는 우리 고유 식문화에 감사한 순간이다. 식단에 내린 장벽은 애초에 존재하지 않았고 어렵지도 않다. 익숙하고 해볼 수 있는 기존의 음식들을 요리해보면 채식도 사실 별것 아니라고 느낄 수 있다.

물론 요리를 자주 해본 사람들이라면 어렵지 않게 이것저것 만들어 볼 수 있지만 모든 사람이 요리에 능숙하지도 않고 요리가 어려운 사람들도 분명히 있다. 혹은 한식도 좋지만 조금 더 새롭고 다양한 요리를 해 먹어보고 싶다면 유튜브 영상으로 요리를 처음부터 끝까지 따라 해 보는 것은 어떨까? 유튜브 검색창에 '채식 레시피'라고 검색하면 수많은 채식인이 자신들의 노하우를 담은 맛있는 채식 요리 레시피를 공유하고 만드는 방법을 공유하고 있으니 내 입맛에 맞는 레시피를 찾아보자.

유튜브에 '채식 레시피' 키워드로 검색한 항목 결과들

HOW

Question

추천하는 채식 레시피 사이트는?

Answer

유튜브를 가장 추천하지만 여러 가지 채식 레시피나 식품 정보들을 얻을 수 있는 책과 사이트들도 있어서 몇 가지를 소개해보겠다.

❶ 만개의 레시피

링크 https://www.10000recipe.com/recipe/list.html?q=%EC%B1%84%EC%8B%9D

수많은 음식 레시피를 공유하는 사이트, 검색창에 채식이라고 검색하면 많은 채식인의 노하우가 담긴 레시피를 얻을 수 있다.

❷ 러빙헛

링크 http://www.lovinghut.co.kr/

유기농과 비건 제품만 판매하는 사이트로 비건 식자재를 구하기 쉽다.

❸ 네이버 카페 한울벗채식나라

링크 https://cafe.naver.com/ulululul

채식에 관련 다양한 정보와 채식을 하면서 모르는 부분에 대한 질문과 답변이 잘 정리되어 있다. 또한 채식 식당에 관한 정보도 지역별로 분류되어 있어 유용하다.

❹ 네이버 카페 채식공감

링크 https://cafe.naver.com/veggieclub

채식인들이 공유하는 다양한 정보들을 접할 수 있고 채식 레시피도 얻을 수 있다.

HOW

Question

회식이나 급식 등 단체 생활에서 채식을 할 수 있는 방법은?

Answer

단체 생활을 하는 많은 채식주의자는 각자 도시락을 싸서 등교하고 출근하는 것이 일반적인 모습이다. 사람들의 관심에 대응할 약간의 용기도 가져가야 한다. 대한민국에서 비건이라는 단어에 사람들이 가지는 편견이 있다는 것은 분명한 사실이고, 적지만 부정적인 시선과 비난, 혹은 조롱을 하는 이들도 있다. 하지만 모든 사람의 입맛에 맞게 살아야 하는가? 그렇진 않다. 물론 함께 일하는 동료들이 나의 식습관을 존중해주고 이해해준다면 더없이 좋겠지만 모두가 다 그럴 순 없기에 동료들에게 채식에 관한 좋은 이미지를 줄 수 있도록 맛있는 채식 도시락을 싸가거나 맛있는 채식 식당을 방문할 기회가 된다면 한턱 내보는 것도 편한 회사생활에 조금이나마 도움을 줄 수 있을지도 모른다. 회사 문화에 따라 다르지만, 본인이 판단하기에 나의 식습관을 이해해주지 않을 것 같은 분위기인 회사에 다닌다면 채식을 이해해주는 회사로 이직을 꿈꾸며 잠시나마 불완전한 채식주의자가 되는 것도 순탄한 회사생활에 살아남는 방법일 순 있으니 채식에 너무 스트레스받지 말자. 어디까지나 잘 먹고 잘살기 위해 채식을 하는 것 아닌가?

급식의 경우 개인의 채식 선택권 보장과 기후 위기 대응책으로 많은 해외 공공 급식에서 완전 채식 혹은 채식급식 상시 운영 사례를 볼 수 있다. 프랑스의 경우 모든 학교에서 주 1회 비건 채식급식 의무화를 시행하고 있으며, 포르투갈 정부는 모든 공공 급식 안에서 채식 선택권을 반드시 제공할 것을 법으로 제정하였고, 미국 뉴욕의 경우 모든 공립학교에서 매주 월요일 급식에서 육류를 뺀 '고기 없는 월요일'이 시행 중이다.

우리나라도 2019년 군대 내 채식 선택권을 요구하는 인권위 진정이 있었으며, 국방부는 이듬해 12월 급식 지원 관련 규정을 신설하여 2021년부터 부대에서 채식 식단을 운영 중이다. 학생들도 설문조사에 따르면 10명 중 4명이 주 1회 이상 채식 급식을 원하는 것으로 나타났다. 이에 국회에서는 2022년에 9월에 기후 위기 대응과 축산동물의 복지 문제, 개인의 신념 등을 이유로 한 공공 급식의 채식 선택권에 대한 국민의 요구 증가로 관련된 법률안(공공기관과 학교 식단의 '채식 선택권 확대')을 발의, 심사 중이다.

위의 상황에서 국내 각 시도 교육청 관할 일부 학교들에서 채식 식단이 시범 운영 중이거나 확대 예정 계획에 있으나, 운영상의 어려움과 채식에 대한 선입견으로 널리 시행되지 못하고 있다. 다행인 점은 인천광역시교육청에 따르면 탄소 절감과 환경을 위해 채식 선도학교로 선정된 초중고 총 11곳에서 월 2회 이상 페스코 식단 등의 채식급식을 운영하고 있는데, 2021년 하반기 시행된 채식급식 만족도 조사를 보면 채식급식의 모범적인 운영으로 긍정 평가가 73%이었으며, 채식급식 시행을 반대했던 응답 56%를 넘어서며 채식에 대한 부정적 인식이 다소 감소한 것으로 나타났다는 점이다. 조사에 따르면 채식급식 운영학교는 일반 학교에 비해 채식 급식의 필요성과 정책추진 공감대가 넓게 형성됐으며 향후 지속적인 추진에 찬성한다는 답변이 일반 학교보다 높게 나타났다. 그러나 인천의 채식 선택 급식의 정책 방향에 대한 시민들의 이해도가 전반적으로 낮고, 여전히 채식에 대한 부정적 인식이 남아있는 것은 문제로 지적되고 있다. 특히 채식 급식을 반대하는 경우 영양소 부족에 대한 우려(28.6%)가 가장 큰 것으로 나타난 것으로 보아 학생과 학부모를 대상으로 적극적인 교육·홍보 활동이 아직 많이 필요해 보인다. 그만큼 지속해서 채식의 필요성과 중요성에 대한 목소리를 낸다면 전국적으로 더 많은 학교에서도 채식급식을 만날 수 있는 날이 올 것이다.

급식을 먹는 학생 같은 경우 적어도 본인이 무엇을 먹을지 선택할 수 있는 직장인에 비하면 조금 더 제한적일 수밖에 없는 것은 사실이다. 현재 상황에서 학교에서 급식 시간에 채식을 할 수 있는 가장 확실한 방법은 한 달 기준으로 나오는 급식표를 살펴보고 채소들이 나오는 경우를 조사한 뒤 부족한 부분은 도시락으로 싸가는 방법이다. 번거롭더라도 이렇게 해야 영양결핍 없이 건강한 채식을 학교에 다니면서도 실천할 수 있다. 혹은 아예 급식 신청을 하지 않고 도시락만 싸서 가는 방법도 있다. 우유 배급 같은 경우도 신청하지 않고 두유 같은 간식을 따로 챙겨 가면 좋다. 다만 아이들 같은 경우 또래와 다른 행동을 하는 것에 예민할 수도 있기에 부모의 적절한 지도와 채식의 필수성에 대한 이해와 공부도 함께 해주는 것이 가장 좋다.

HOW

Question

여행하거나 외국에 거주하게 되면 채식을 할 수 있는 방법은?

Answer

국내나 해외나 채식을 할 수 있는 방법은 같다. 오히려 외국은 국내보다 채식하기 훨씬 수월할지도 모른다. 그래도 현지에서 고생하지 않으려면 사전에 많은 정보를 파악해 가야 한다. 가장 좋은 방법은 채식주의자가 가기 좋은 여행지를 선정하는 것이다. 채식주의자들이 많이 살고 있어 채식 식당이 많이 있는 영국이나 미국의 대도시들 혹은 아시아와 인도 같은 경우도 채식 기반의 식습관과 식문화가 자리 잡고 있어서 채식주의자들이 마음 편히 방문할 수 있는 여행지다.

과거에는 비행 시 제공되는 기내식이 주로 육류나 유제품 위주라 채식주의자들이 고생했다면 이제 더 이상 굶을 걱정은 하지 않아도 된다.

현재 많은 항공사가 기내식으로 비건식을 출시하고 있어 식사를 선택할 수 있는 폭이 넓어졌다. 사전에 항공편을 예약할 때 기내식에 비건식이 있는지, 신청이 가능한지 미리 문의해보자.

사전에 비건 식당들을 조사해가면 좋지만, 해외에 도착해서 비건 식당을 바로 가지 못하더라도 마트에서 간단한 채소와 과일만 사도 간단한 한 끼 정도는 해결할 수 있다. 해외 마트에 가면 국내보다 더 많은 비건 인증 제품들을 만나볼 수 있으니 막연히 두려워할 필요가 없다.

비건들을 위한 숙박시설을 소개하는 '베지호텔veggie-hotels.com' 같은 숙박 소개 플랫폼을 통해 숙박시설을 예약하는 것도 좋은 방법이다. 비건으로 살아가면서 여행하는 동안 겪었던 숙소의 음식 제공에 만족하지 못해 직접 비건 여행자들을 위해 만든 숙박시설 정보제공 플랫폼인 만큼 여행지 주변에 비건 식당이 없다면 이런 비건 지향적인 숙박시설에 묵는 것도 방법이다.

개인 활동이 제한되는 패키지여행이나 크루즈 여행 같은 경우 특수한 상황인 만큼 성분표를 잘 확인해 섭취에 적합한 간편식을 챙겨 가는 것도 현명한 방법이다. 현미, 잡곡 햇반, 무말랭이나 깻잎, 김치가 소포장 된 간편식들도 있으니 여행 일정에 맞게 캐리어에 챙겨 가 보자. 그리고 여건이 되면 현지에서 제공되는 음식 중 최대한 채식 위주로 섭취하면 된다.

HOW

Question

채식 식당 리스트?

Answer

❶ 한울벗채식나라 네이버 카페

링크 https://cafe.naver.com/ululul/book5103749

네이버 카페인 한울벗채식나라에 들어가면 전국 채식 식당 리스트를 서울을 기점으로 경기, 인천, 대전, 광주, 부산, 제주 등으로 정리해서 공유하고 있으니 참고하자.

❷ 사단법인 생명환경권행동 제주비건

링크 http://www.jejuvegan.com/notice/24

제주비건 사이트에는 제주지역의 비건 채식이 가능한 식당 리스트의 지도를 통해 한눈에 볼 수 있도록 공유하고 있다. 제주도 여행을 가더라도 먹을 걱정하지 않아도 된다.

❸ 망고플레이트

링크 https://www.mangoplate.com/top_lists/721_vegan

식당 맛집을 공유하는 전문 플랫폼으로 채식 맛집 베스트 25곳이라는 리스트를 공유하고 있다. 실제 이용객들의 후기 공유로 신뢰도가 조금 더 높다.

❹ 비건로드

링크 https://www.instagram.com/vegan.road/

앱을 통해 실시간으로 주변의 채식 식당 현황을 파악할 수 있어 처음 가는 지역에서 채식 식당을 찾을 때도 유용하다. 이외에도 인스타를 통해 새로 발굴되는 채식 식당 리스트를 공유하고 있다.

HOW

Question

채식에 대한 정보를 얻을 수 있는 책과 영상자료

Answer

❶ 아베 쓰카사 저, 안병수 옮김, 「인간이 만든 위대한 속임수 식품첨가물」, 국일출판사, 2006, 215p

우리가 평소에 쉽게 섭취할 수 있는 각종 인스턴트와 패스트푸드들에 들어가는 식품첨가물의 첨가 이유에 대해 알고 싶다면, 식품 기업들이 말하지 않은 이런 첨가물들의 민낯과 화학적으로 만들어진 맛에 우리가 얼마나 중독되어 있는지 마주할 용기가 있다면 읽어보자.

❷ 최훈 저, 「철학자의 식탁에서 고기가 사라진 이유」, 사월의 책, 2012, 336p

철학자의 시선을 통해 윤리적인 이유를 근거로 고기를 섭취하지 않게 된 경험을 이야기한다. 여러 시행착오와 채식을 하게 됐을 때 쉽게 겪을 수 있는 고민도 공유한다. 스스로 채식에 대한 의지가 흔들리거나 채식에 대한 확고한 철학과 가치관을 다잡고 싶다면 읽어보자.

❸ 존 맥두걸 저, 강신원 옮김, 「어느 채식 의사의 고백」, 사이몬북스, 2022, 312p

뉴욕타임스 최장기 베스트셀러이자 스테디셀러인 수많은 전문가가 읽고 공감했다는 평을 받는 채식 서적의 바이블 「어느 채식 의사의 고백」. 각종 질병에 시달리다 못해 다리까지 절게 된 존 맥두걸 박사가 육식과 유제품 그리고 설탕 등이 질병의 원인임을 깨닫고, 어떻게 녹말 음식으로 체중을 줄이고 병에서 벗어날 수 있는지 재미있고 재치 있게 이야기하는 책으로 채식주의자라면 꼭 읽어봐야 하는 필독서다. 맥두걸 박사의 또 다른 책인 「맥두걸 박사의 자연식물식」이라는 책도 읽어보면 도움이 된다.

❹ 김홍미 저, 「오늘, 나는 비건」, 리스컴, 2021, 204p

53가지의 맛있는 비건 레스토랑들의 레시피를 통해 집에서도 맛있는 채식을 즐기게 도울 수 있는 책.

❺ 이도경 저, 「채식요리사 이도경의 소울푸드」, 소금나무, 2023, 328p

국내 최초이자 최고의 채식 요리사가 만든 오리지널 레시피로 간단하면서 채식으로 건강하게 요리하는 방법을 알려주는 책.

❻ 다큐멘터리 〈몸을 죽이는 자본의 밥상What The Health〉 (2017)

육류 소비와 의약품이 건강에 미치는 영향과 식품 산업, 제약 산업들이 자본주의 사회 속에서 어떻게 소비를 유도하는지, 그 결과로 육류와 의약품들이 어떻게 소비자의 식탁에 오르게 되는지에 대해 고발하는 다큐멘터리.

❼ 다큐멘터리 〈지구생명체Earthlings〉 (2005)

모피, 가죽, 개 공장의 잔혹성을 고발하며 경제적 이익에 눈이 먼 인간의 민낯과 잔혹성을 고발하는 다큐멘터리로 동물권이란 무엇인지 인간의 권리는 어디까지인지 고민하게 만든다. 과거 우크라이나에서 벌어졌던 인질극 범인이 젤렌스키 우크라이나 대통령에게 이 다큐멘터리를 권유하는 글을 SNS에 올리라는 요구로 대통령이 이를 받아들여 인질들이 풀려 났던 조금은 황당한 에피소드도 가지고 있다. 그만큼 많이 알려지기를 바랐던 것인지 이 때문에 재조명을 받기도 한 영상이다.

❽ 다큐멘터리 〈나의 문어 선생님My Octopus Teacher〉 (2020)

박물학자 크레이그 포스터가 일 년 동안 남아프리카 공화국의 바다에서 만난 문어와의 일상을 담은 자연과학 다큐멘터리로 문어라는 생명체가 어떻게 인간과 교감하고 감동을 줄 수 있는지 또 단순히 먹이사슬의 관계로서가 아니라 지구라는 터전에서 공존이란 무엇인지, 함께 살아가는 것이란 무엇인지에 대해 깊은 생각을 하게 만드는 힐

링 다큐멘터리다.

❾ 다큐멘터리 [수라] (2023년)

동물식 축산에 반대하고 윤리적 소비를 주제로 작업했던 황윤 감독의 새만금간척사업에 대한 다큐멘터리. 간척사업이 진행되어 끝난 것만 같았던 새만금 지역 갯벌에 새떼들과 생명들이 다시 살아나는 과정을 7년이라는 긴 시간에 걸쳐 촬영했다. 도요새 군무는 최고의 명장면. 자연의 아름다움과 이를 지키기 위한 사람들의 노력을 통해 동물과 인간의 공생에 대해 생각해 볼 수 있다.

❿ 게리 유로프스키Gary Yourofsky 강연 [부제: 잔인한 우유]

영상 주소 https://www.youtube.com/watch?v=71C8DtgtdSY

약 한 시간 정도 되는 분량으로 2010년 조지아 공대에서 게리 유로프스키가 육식과 우유 섭취가 얼마나 동물에게 잔인한 삶을 살도록 하는지 고발하며 육식의 불필요함을 다시 한번 일깨워주는 강연으로 많은 사람이 이 강연을 계기로 채식주의자가 될 정도로 강렬한 인상과 동기부여를 받을 수 있는 강연이다.

⓫ 유튜브 영상 [정말 읽었니?#5] 최재천 교수 "손잡지 않고 살아남은 생명은 없다!"

영상 주소 https://youtu.be/SyGKk2a6OWs

세계적인 석학인 이화여자대학교 에코과학부 교수 최재천 교수가

30분가량 리처드 도킨스의 「이기적 유전자」를 어떻게 읽어야 할지 어떤 관점과 마음가짐으로 봐야 할지 설명하면서 지구에서 살아가는 존재의 공생과 협력관계의 필연, 필수성을 강조하는 영상. 지구환경과 생태계를 생각하는 채식주의의 초석을 다질 수 있음.

HOW

Question

채식을 꾸준히 유지하는 방법에는 무엇이 있을까?

Answer

중도에 채식을 포기하지 않게끔 하는 채식 유지 방법은 다양하다. 먼저 지속적인 채식 정보 탐색이 있다. 지금도 채식에 대한 새로운 정보들이 나오고 있으므로 과거의 정보에 머물러있게 된다면 채식의 한계에 부딪히기 마련이다. 그러니 꾸준히 채식 관련 서적을 살펴보거나 영상을 시청하고 인터넷 검색을 통해 새로운 정보를 지속해서 업데이트해 채식에 관한 흥미와 동기가 계속해서 부여되도록 하자.

함께 채식하는 친구나 모임에 참여하는 것도 좋은 방법이다. 나 혼자서 하기보단 비슷한 생각과 가치관을 공유하면서도 몰랐던 내용을 접할 기회가 될 수 있고 채식에 대한 마음이 식어가게 되면 동료들에게 격

려와 동기부여도 받을 수 있어 더없는 좋은 방법이다. 채식 커뮤니티는 인터넷 카페나 종종 문화재단이 주최하여 운영되기도 하니 발 빠르게 정보를 탐색해보도록 하자.

채식 일기나 채식 플래너를 작성해 자기 몸 상태에 대한 객관적인 변화나 주관적인 느낌을 매일매일 적어 보는 것도 도움이 된다. 이렇게 일지를 꾸준히 쓰다 보면 쌓이는 일지를 보면서 오는 뿌듯함도 있을뿐더러 채식 일지 작성뿐만 아니라 채식을 하는 자체가 일상이 되어 마치 물 마시는 것처럼 자연스러운 일이 될 수 있다.

무엇보다 가장 중요한 방법은 채식하면서 자신을 틀에 가두지 않는 것이다. 채식주의자는 무조건 꼭 이렇게 해야 하고 채식을 하지 않는 사람들은 모두 비난받아야 한다는 둥 자신을 채식이라는 틀에 가두게 되면 점점 생각을 유연하게 하지 못하게 되고 그 틀에서 고립될 수 있다. 그러므로 처음부터 완벽을 추구하려하지 말고 조금은 엉성하더라도 꾸준히 채식을 지속하고자 노력하면서 자신을 현명한 채식의 길로 걷도록 다독여줄 필요가 있다.

한국채식약선아카데미

한국적 채식약선 수업 (자격증: 3급/2급/1급 과정)

· 음양오행적 장부론과 체질론

· 체질과 망진에 근거한 심리와 증상론

· 식물의 모양, 색, 맛에 의한 성질 이해와 적용법

· 비건 조리법과 체질식, 증상식, 계절식(차, 음식, 아로마)

이도경의 인생학당 소개

· 음양오행 인문학

· 생활 한방반

· 비건 채식 조리반

메일:backgng1@naver.com

핸드폰:010 5527 3587